**KUWEI**
**酷威文化**
图书 影视

# 给孩子的财商启蒙书

齐艺萌 著

四川文艺出版社

**图书在版编目（CIP）数据**

给孩子的财商启蒙书 / 齐艺萌著 . -- 成都 : 四川
文艺出版社 , 2020.1
ISBN 978-7-5411-5550-5

Ⅰ . ①给… Ⅱ . ①齐… Ⅲ . ①财务管理－儿童读物
Ⅳ . ① TS976.15-49

中国版本图书馆 CIP 数据核字（2019）第 249670 号

GEI HAIZI DE CAISHANG QIMENGSHU

# 给孩子的财商启蒙书

齐艺萌 著

| | |
|---|---|
| 出 品 人 | 张庆宁 |
| 出版统筹 | 刘运东 |
| 特约策划 | 王兰颖 |
| 特约监制 | 王兰颖 |
| 责任编辑 | 叶竹君　周　轶 |
| 特约编辑 | 卜　超　苗玉佳 |
| 责任校对 | 汪　平 |
| 封面设计 | Amber Design 琥珀视觉 |

| | |
|---|---|
| 出版发行 | 四川文艺出版社（成都市槐树街2号） |
| 网　　址 | www.scwys.com |
| 电　　话 | 028-86259287（发行部）　028-86259303（编辑部） |
| 传　　真 | 028-86259306 |

| | | | |
|---|---|---|---|
| 邮购地址 | 成都市槐树街2号四川文艺出版社邮购部　610031 | | |
| 印　　刷 | 大厂回族自治县德诚印务有限公司 | | |
| 成品尺寸 | 145mm×210mm | 开　本 | 32开 |
| 印　　张 | 7 | 字　数 | 80千字 |
| 版　　次 | 2020年1月第一版 | 印　次 | 2020年1月第一次印刷 |
| 书　　号 | ISBN 978-7-5411-5550-5 | | |
| 定　　价 | 48.00元 | | |

# 导　读

　　舟舟的爸爸在证券公司上班，妈妈是小学老师，他们家里的书架上摆了很多很多的书。平时放学后做完作业，舟舟最喜欢从书架里找出几本自己喜欢的书来看，他看过《伊索寓言》里充满哲理的寓言故事、《海底两万里》中充满幻想的海底世界，还有《安徒生童话》里温暖童真的童话世界。

　　在书架的最上层，是爸爸平时经常看的经济学书籍，这些书又厚又大，舟舟平时只是好奇，但从来没看过。这一天，舟舟放学后一个人在家，妈妈还在学校上班，爸爸则出差去了。舟舟自己在家无聊，于是踩着椅子去书架上随便拿了一本爸爸的书看。翻开后，里面写着很多"IPO""牛市""对冲""融资"等让人头大的词语，舟舟越看越糊涂，只好又把书放回去。放书的时候，舟舟不小心被厚重的书本砸到头，一下子从椅子上摔了下来。恰好这时妈妈下班回来，急忙把他从地上抱起来。

　　舟舟虽然摔得很痛，但还是忍着泪水，扬起脸来问："妈妈，为什么爸爸的书都这么厚，又那么难懂？经济学真的很难吗？"

妈妈把舟舟抱到沙发上，一边检查他有没有受伤，一边回答他："世上所有的事情，说简单都可以很简单，说难也可以很难，就看你如何去理解了。"

舟舟想了想，点点头，一心等着爸爸出差回来后给他讲讲金钱是怎么回事，他现在有很多问题想问他。

爸爸出差回来后，不仅带领舟舟打开了经济世界的大门，还带着他进行了一次"银行一日游"。为什么妈妈的工资会被扣掉一部分钱？最早的银行只是一个存钱的柜子吗？为什么大家喜欢把钱存进银行？银行也赚钱吗？我们使用的钞票都是由谁印发的？通货膨胀和通货紧缩又是什么意思？

简单了解了钱是怎么回事之后，妈妈决定让舟舟自己支配自己的零花钱，但问题是钱应该怎么花呢？你是

不是也会经常遇到这种问题：在文具店见到了好看的笔记本，又在小卖部发现了新款零食；商场里有两件大衣，一件很贵但很好看，另一件不太好看但很便宜……究竟该怎么选？为什么有的商品

便宜有的商品很贵？打折又是怎么回事？打折商品就一定便宜、必须要买吗？不同规格的两种商品，应该怎样买才更划算呢？

在爸爸妈妈的教导下，舟舟终于初步了解到金钱的奥秘。钱应该怎么花、为什么要存钱、哪些钱不应该花……这些都是在长大成人之前，小朋友应该掌握的技能。长大后，小朋友也许会遇到和爸爸妈妈一样的困扰：什么是征信？征信对我们有什么影响？应该贷款买房还是全款买房？花钱买看不见的"保险"有用吗？

简单了解这些生活上的金融运作之后，金融世界里还有更多的风景在等着舟舟——

债券是什么？股票和基金有什么区别？怎样才能赚到更多的钱？世界经济是如何运作的？金融危机是怎么产生的……

本书适合爸爸妈妈和小朋友一起阅读，配合书中的讲解漫画、小贴士和思考问号，帮助孩子了解基础的金融知识，学会生活必备技能。

# 目 录

# 第 一 章

## 钱是什么？钱从哪里来？

给孩子的财商启蒙书

## 我可以用贝壳换棒棒糖吗？

　　星期天，舟舟和邻居小姑娘小梦在院子里玩过家家。小梦的哥哥前几天回家时给她买了很多棒棒糖，舟舟也想要小梦的棒棒糖，但他手里只有在海边拾到的贝壳。舟舟想要小梦的棒棒糖，小梦想要舟舟的贝壳，聪明的舟舟想了想，想出一个好主意——他可以用贝壳和小梦交换棒棒糖，这样两个人都能拥有自己想要的东西。

　　晚上回家，刚好爸爸出差回来，舟舟兴奋地把今天在院子里发生的事讲给爸爸听，爸爸听后告诉他："你和小梦这种用自己已有物品与别人交换的行为叫作以物易物。以物易物是交易方式的一种，而交易已经属于经济活动的范畴了。"

　　舟舟："以物易物也算是经济学知识吗？"

002

舟舟没想到，原来自己和朋友在游戏中就已经无意间打开了经济学的大门。

爸爸："当然啦，经济学就是研究如何创造、转化和实现价值的。简单来说，经济就是人们对物资的管理和交易。在远古时代，原始人通过以物易物的方式进行交易。有的人用打猎得来的生肉换取蔬果，有的人用自己磨制好的石斧换取食物和衣服，这种可以拿来和其他人交换的东西叫作商品。

"但是这种以物易物的交易方式经常会遇到麻烦。有时自己想要的东西别人没有，有时别人想要自己的东西，但是又没有东西可以交换。就像你今天和小梦，如果小梦不想要你的贝壳，而是想要铅笔或橡皮，你们两个就没有办法进行交换了。"

舟舟听得入了迷，爸爸接着讲了一个故事继续说明道：

"某一天，有个聪明人向着太阳升起的地方走了很久，终于走到了海边，当他看到海岸上的贝壳时，突然想到一个好办法。

"这个聪明人从海边带了很多贝壳回去，按照贝壳的大小决定可以交换的物品的种类和数量。这种可以交换所有物品的贝壳，就是我国最早出现的货币。"

小贴士

钱是货币的俗称。钱可以用来交换，我们可以用钱去市场上买东西，用钱换取我们需要的生活物资；钱还可以用来储值，当商人卖出商品获得钱之后，他们可以选择用钱继续进货，也可以选择把钱存起来，留着以后再用；钱有时还是计量单位，我们常说某某工艺品价值上万，就是用钱来计算工艺品的价值。

聪明人在海边走

小贴士

中国是世界上最早使用货币的国家之一，使用货币的历史长达五千年之久。贝是中国最早的货币，商朝以贝作为货币。在中国的汉字中，凡与价值有关的字，大都与"贝"有关，例如："赚""赔""贵""贱"。

舟舟："哈哈！这样住在海边的人岂不是赚翻了？！"

爸爸："没错，不过随着工业的发展，后来又出现了其他形式的货币，比如珍珠、丝绸、布匹、铜贝、铜钱等，这些货币的主要特征都是不容易获得而且保存时间长。"

"你知道为什么货币需要这两种特征吗？想一想为什么人民币上需要防伪标志呢？你都知道哪些人民币的防伪标志？"

小贴士

除贝壳以外，在其他国家的历史上还出现过很多奇奇怪怪的货币。例如在太平洋的雅浦岛上，那里的人们使用一种高达3.5米的巨型石盘作为庆典使用货币。使用时，岛民用木棍穿进石盘中间的圆孔里，推着它滚动起来，一直滚到需要的地方。是不是很有趣呢？

## 从贝壳到金子，再到人民币

爸爸："到了春秋战国时期，那个时候的中国分裂成了很多个诸侯国，不同的诸侯国货币也有不同。魏、赵、韩三国用的是镈币，又称布币，长得就像小铲子一样；齐、燕两国用的是小刀形状的刀币；楚国用从铜贝演化而成的蚁鼻钱；秦国则用的是方孔钱，又叫秦半两。

"这些货币不仅长相不一样，价值也不同。同样的一枚钱，也许在魏国只能买一斤大米，但在赵国却能买一斤牛肉。秦始皇统一六国之后，由于各地的流通货币不同，因此给军事和经济的发展带来了很多麻烦。

"来自赵国的士兵认为军队发的工资足够他养家糊口，但来自魏国的士兵却认为这些工资连一个

孩子都养不起，大大丧失了战斗的意志。在商业方面，由于各地区钱币不能互相流通，商人们很难在各地区之间做生意，于是在秦地生产的鹿肉很难卖到蜀地，蜀地生产的丝绸也很难卖向秦地、燕地，百姓生活十分不便。

"为了解决这些问题，秦始皇宣布全国上下统一货币，一律使用方孔钱，并且规定了物资价格，这一举措大大促进了经济与社会的发展。方孔钱逐渐演变，最终变成了我们现在在电视里经常能够看见的铜钱样式。"

舟舟想起前几天和妈妈一起看电视剧，电视里的古代人出去吃饭，都直接掏出一两银子或金子付账，于是问爸爸："金子和银子在古代也可以当钱花吗？"

爸爸哈哈一笑："黄金和白银即使到了现在也是硬通货呀！想一想我们之前说过的，货币的主要特征是不易获得且保存时间长。金、银都属于贵重金

属，储量少且性质稳定不易损坏。自商代出现黄金冶炼技术之后，黄金就是市场上最为紧俏、值钱的货币，白银的使用则要从西汉开始。到了宋朝，黄金和白银就已经成为主要货币之一了。"

舟舟："可是我从来没见过有人用金子买东西呀？"

爸爸："随着经济的发展，黄金的增量已经无法应对经济的增量了，再加上黄金也有不易携带等缺点，所以后来纸币逐渐取代了黄金，开始在市场上流通。虽然黄金现在很少直接作为货币在市场流通，但它对世界经济的影响可一点儿都不小。全世界各个国家都会囤积黄金，囤积黄金的数量又称黄金储量，黄金储量是衡量一个国家经济实力的重要因素，它在稳定国民经济、抑制通货膨胀、提高国际资信等方面都有着特殊作用。"

舟舟已经听糊涂了："黄金储量……通货膨胀……资信……经济……爸爸，这些都是什么意思呀？"

你能想出来为什么黄金储量有这么重要的作用吗？

小贴士

《汉书·食货志下》："秦兼天下，币为二等：黄金以镒为名，上币；铜钱质如周钱，文曰'半两'，重如其文。"

这段话的意思是："秦国统一了天下，将货币分成两等，黄金以镒为单位，是上等货币；铜钱的质地和周朝时的钱币一样，重量就是它上面铸的'半两'。"

爸爸摸着舟舟的头说道："别着急，我们慢慢讲。

"货币发展到北宋时期，因为社会的发展，在市场商品流通中需要更多的货币，而铜的产量已经远远不够铸造商品交易所需的铜钱了。虽然也曾有过用产量更

高的铁币代替铜币的做法，但铁币价值更低，仅仅买一匹布就需要大约五百斤重的铁币，需要用车才能装下。

"世界上最早的纸币'交子'就诞生在这个时期。比起金、银、铜、铁这些金属货币，纸币更轻，而且面值可以直接标记在纸上，不需要通过大小、重量、厚度来衡量，这比金属货币以重量计价更为方便。

"但是在纸币出现早期，因为纸币的制造比金属货币更为简单、便捷，甚至方便到了不要钱的地步，统治者便常常随心所欲地印制和发行纸币。国家打仗发不出将士工资，多印些纸币发给将士；南方大旱需要赈灾，多印些纸币发给灾民；朝廷官员需要奖赏，多印些纸币当作赏赐。时间一长，问题就出现了。

"虽然市场上的纸币越来越多，但社会生产力没有增加，市场上可以购买的商品总数量没有变化，价格却因为纸币的增加而大幅上涨。比如，今天你用贝壳和小梦换棒棒糖，你有两个贝壳，小梦有两根棒棒糖，一个贝壳刚好可以换一根棒棒糖。妈妈

为了让你开心，又给了你八个贝壳，但小梦手里只有两根棒棒糖，这样一来就变成了十个贝壳换两根棒棒糖，一根棒棒糖的价格变成了五个贝壳！虽然你能换到的棒棒糖还是那么多，但价格却翻了五倍。

"放大到国家层面，当统治者大量发行超出市场需求的货币时，货币就变得不值钱了。据说南宋时期，士兵一天的收入还不能买一双草鞋，而百姓拿着一麻袋的纸币却连一个馒头都买不起。虽然在每个朝代更迭之初，新统治者都会利用各种手段暂时解决上个朝代留下的通货膨胀问题，但通货膨胀却像一个魔咒一样，总是会悄然出现。"

舟舟惊呼："对啊！我前两天还在新闻里看到这个词了！可是爸爸，通货膨胀和黄金储量有什么关系呢？还有你刚刚说的国际资信又是什么意思？"

爸爸拍了拍舟舟的头："国际资信简单来讲就是国家的资产信用。今天已经很晚了，你先去睡觉，剩下的我明天再告诉你。"

## 其他国家的钱长什么样子？

第二天，爸爸回家的时候怀里抱着一大本画册，舟舟看见后立刻冲了上去抱住他："爸爸、爸爸，昨天的故事还没讲完呢！"

爸爸抱着舟舟坐在沙发上，从口袋里掏出一些钱放在桌面上："在讲故事之前我先问问你，你认识钱吗？"

舟舟："认识呀！上学的时候老师讲了，人民币分为纸币和硬币，单位是元、角、分。十分是一角，十角是一元。最大的人民币是一百元，最小的人民币是一分。"

舟舟抓起桌面上的一张红色纸币："这张钱上面写着数字一百，代表纸币的面值，这是一张一百元的人民币！"

**?** 　　除了一百元和一分的人民币以外，你还知道人民币的哪些面值呢？不同面值的人民币大小一样吗？

　　爸爸笑着打开怀里的画册："哈哈，学得还不错，那你知道其他国家的钱长什么样子吗？"

　　舟舟看着画册里花花绿绿的各种纸币惊呼："原来不同国家的钱都不一样啊！"

　　爸爸："当然了，它们不仅长相不一样，名字也不同。英国的货币叫作英镑，美国的叫美元，日本的叫日元，韩国的叫韩元，这些外国的钱被统称为外币。即便是在我国境内，由于经济体制不一样，我国香港、澳门、台湾流通的货币也并不相同。而欧盟的十九个国家因为实行统一货币政策，则统一使用欧元。"

美元纸币正面主景图案为人物头像，主色调为黑色。背面主景图案为建筑，主色调为绿色，但不同版本的颜色略有差异，如 1934 年版背面为深绿色，1950 年版背面为草绿色，1963 年版背面为墨绿色。

舟舟翻着画册，想象着画册里各式各样的钱币在地球不同地区被人使用的样子。法国人和意大利人可以用欧元互相交易，美国人用美元买上一杯咖啡坐在屋外慢慢喝，日本小朋友用日元买了一本漫画书和其他小伙伴分享……突然，舟舟发现了一件奇怪的事。

"爸爸！为什么这个国家的钱上有这么多零！"舟舟指着一张津巴布韦币惊呼，"100000000000000……一共有十四个零！这是多少钱啊？！"

爸爸仔细数了数："这是一张面值一百万亿的津

巴布韦币。"

一百万亿……这对舟舟来说可是天文数字："这么多钱，可以把整栋楼都买下来了吧？"

爸爸："哈哈，那可不止。世界首富的资产也不过七千亿人民币，一百万亿人民币相当于一百四十个世界首富的资产，但一百万亿津巴布韦币却只能买一根冰激凌。"

舟舟已经糊涂了："为什么？这可是好大一笔钱！"

爸爸："因为你只注意到了面值，却忘记了汇率。"

## 什么是汇率?

今天学到的知识已经让舟舟大开眼界,好奇的他继续问道:"什么叫汇率呀?"

爸爸却反问了舟舟一个问题:"你还记得宋朝时期纸币是如何贬值的吗?"

舟舟点点头:"因为统治者发行了大量的货币,于是商品价格飞涨,通货膨胀啦!"

爸爸:"没错。不同国家发行的货币数量不同,商品价格和货币购买能力也不同。同样是一百元,一百美元在美国可以买到一台任天堂游戏机,但一百日元在日本却只能买到一袋薯片。如果直接用一百美元兑换一百日元实在是太不划算啦!

"但当美国人去日本旅游,身上却没有日元该怎么办呢?人们在第一次进行跨国交易的时候就认识到了这个问题，既然两个国家的货币价值不同，那就按照一个比率来兑换吧。在 A 国一百元可以买到一袋大米，但 B 国一块钱就可以买一袋大米，那么就用 A 国的一百元兑换 B 国的一块钱，兑换比率是 100 : 1，这个比率就叫作汇率。"

小贴士

常用汇率表（采用 2019 年 7 月份某日汇率）

1 美元 ≈ 6.9 人民币

1 英镑 ≈ 8.36 人民币

1 欧元 ≈ 7.67 人民币

1 人民币 ≈ 15.8 日元

1 人民币 ≈ 174.7 韩元

舟舟："爸爸，我明白了，汇率就是两种货币

之间兑换的比率。可是这个比率是根据什么设定的呢？我可以随时和外国小朋友互相兑换吗？"

爸爸："在刚才 A、B 两国的故事里，汇率是根据两国货币对大米的购买力设定的，而在历史上，汇率的第一次产生则和黄金储量有关。当时各国之间的汇率是固定的，称为固定汇率。哪个国家存储的黄金多，哪个国家的货币就更值钱，就可以兑换到更多的外币。这种以黄金来规定所发行货币代表的价值的制度叫作金本位体制。

"第二次世界大战之后，美国国力强盛，在世界享有绝对话语权，其他国家都要听它的。当时美国宣布美元和黄金强制挂钩，其他货币也和美元挂钩，形成了以美元为主体的布雷顿森林货币体系。但是就像铜币渐渐被纸币取代一样，当社会日益发展，生产力逐步提高，就连高价的黄金也无法满足市场流通需要，而美元又是根据黄金储量定价，所以不仅金本位被废除，布雷顿森林货币体系也逐步瓦解。1970 年以后，布雷顿森林货币体系彻底崩溃，可以根据市场需求自由浮动的浮动汇率出现，虽然现在依然有国家坚持使用固定汇率制度，但浮动汇率逐渐成为世界主流。"

舟舟："爸爸，根据市场规律自由浮动是什么意思？"

爸爸："假设 A 国有一个商人，想去 B 国采购一批商品，但他手里没有 B 国货币，只好去找别人兑换。可是另一个人并不是很愿意出售自己手里的 B 国货币，商人只好用高于市场价的价格从他手里购买，这样一来，A 国货币兑换 B 国货币的比率就被提高了。"

舟舟："哦！我懂了，哪个国家的货币越抢手，哪个国家的货币就越值钱！"

爸爸："对啦！而如果一个国家动荡不安，国内资产随时都有可能蒸发，其他国家就不会愿意与它交易——好不容易换回来的外币，一夜之间贬值了怎么办？这种保证自己国家货币持续稳定、短期不会大幅贬值的信用，就是国家的资产信用，也就是我昨天说的国际资信。"

舟舟："爸爸，那这些外国钱应该去哪儿换呢？我们可以直接和外国小朋友兑换吗？"

爸爸："当然不行，兑换外币要通过银行或者指定的有外汇交易资质的机构换。兑换之前一般需要和银行预约，确认银行是否还有外币储备；如果没有，银行会去外汇交易中心申请购买外币，买回后再按照一定汇率兑换给我们。"

**小贴士**

在我国，私自买卖外币属于违法行为，兑换外币请去国家外汇管理局批准从事外币兑换的银行或指定外币兑换点哦！

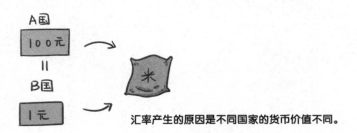

汇率产生的原因是不同国家的货币价值不同。

汇率会根据市场规律自由浮动。

但政府根据国家发展计划，在必要的时候会对汇率进行或明或暗的干预。本国货币汇率降低，能够促进出口贸易、抑制进口贸易。

政府公信力、国家综合实力也会影响汇率涨跌。

小贴士

　　进口贸易指将外国商品输入本国市场销售，出口贸易指将本国生产或加工的商品输往海外市场销售。

　　妈妈回家时，看到舟舟和爸爸正坐在沙发上聊得开心，笑着问他们："你们在聊什么呀？怎么笑得比发工资还开心？"

　　舟舟正在和爸爸讨论放暑假的时候去哪里玩，需不需要兑换外币，听见妈妈这样说，高兴地问道："妈妈今天发工资了吗？"

　　爸爸把舟舟从沙发上抱下来，牵着他的手："今天刚好就是爸爸发工资的日子。走，我们一起去银行把工资取出来，顺便兑换一点美元，暑假出去玩的时候用！"

　　听到暑假可以出去玩，舟舟高兴地跳了起来："哦！我们一起去银行取工资啦！"

## 专题 1 货币演变史

当人们发现以物易物常常会受到商品价值不对等、商品腐坏或因商品需求量不足而无法换出的麻烦后，他们终于找到了新的交易方式——使用实物货币进行交易。米、布匹、木材、家畜、贝壳等商品，因为需求量高、不易腐坏，所以承担了货币的角色。如果你可以穿越回远古时期，就会看到有老奶奶拿着新采摘的果子叫卖，一篮果子只卖一石米；或者有人想要卖出自己新建好的房屋，一间房需要用一头牛来换。这些米、布匹、木材、活家畜等可用于市场交易的商品，被称为实物货币。

在经历实物货币阶段后，铁器逐渐走入人们的生活，人类历史上出现了第二次社会大分工。在铁器出现之前，手工业和农业是形影不离的，自己家种的棉花，需要自己纺织成布匹；自己家种的果子，需要自己腌制成果干。铁器的出现加速了手工业和农业的生产进度，以前一个人只能种三亩地，现在在铁器的帮助下可以耕种七八亩，极大地增加了社会资源。于是愿意种地的人只靠种地就可以生存，喜欢手工业的人只靠制作手工艺品也可以生存，手工业和农业的分离让市场上的交易频率增加——毕竟只种地的人造不出来衣服，而只织布的人也不能凭空变出粮食来。这个时候，即使是实物货币也变得不方便了。人们开始把贵金属铸成一定形状、一定重量、一定成色的金属货币，市场交易开始进入贵金属货币阶段。

而随着社会生产力的再一次提高，金属货币因为笨重、不便携带而逐渐退出市场，被轻便的纸币替代，现在我们日常使用的货币也都是纸币。纸币虽然方便，但因为诞生之初，很多统治者都把它当作一种便捷的敛财手段而大肆印刷，导致纸币价值暴跌，通货膨胀严重，在中国历史上的很多时代都无法长久流通。直到中华人民共和国成立，特别是改革开放之后，在人民银行的货币调控下，人民币按照国民生产总值和污损比例而有计划地增印，才从一定程度上缓解了这个问题。

银行卡及网络支付是近些年诞生的支付方式，其特点为在交易时不需要出现任何货币，所有交易都在交易网络上完成。当你在超市使用银行卡刷卡付款后，银行会收到一笔支付信息，然后在你的银行账户上扣除这笔钱，省去了支付现金和找零的麻烦。现在常用的网络支付 App，例如支付宝、微信支付等，都是构建一个网络账户或直接与银行账户相关联，本质上都差不多。

不知道你有没有听说过比特币以及比特币交易？比特币其实是 2009 年才发行的一种虚拟货币，它其实是一组复杂算法产生的特解，或者说是一串有特殊意义的数字或信息。当你在浩瀚的信息海中找到它，就相当于在沙子里淘到了金子，所以也有人将能够进行比特币运算的工具软件称为"挖矿机"。不仅是比特币，其实所有非真实的、可以用于购买商品的货币都可以成为虚拟货币，小朋友最常见的Q币、点券以及游戏中的元宝、钻石等，也都属于虚拟货币。像纸币一样，虚拟货币也面临着造假的风险，而且因为虚拟货币的流通场所是网络，更是为各种网络犯罪提供了销赃和洗钱的渠道。2017年9月4日，中国人民银行等七部委发公告称中国禁止虚拟货币交易，在一定程度上遏制了这种风险。

# 第 二 章

## 税收、银行和理财

## 爸爸妈妈发工资啦！

去银行的路上，妈妈对舟舟说："你现在已经长大了，要学会替爸爸妈妈分担家务，今天晚上的碗就由你来洗好不好？"

舟舟当然不乐意，他吃完晚饭后还要写作业、看动画片、和小朋友一起玩，根本不想洗碗。妈妈见舟舟没有爽快地答应，又说："如果你每天晚饭后洗碗，妈妈就每个月给你一百元零用钱，你可以用钱去买自己喜欢的零食和漫画书。"

舟舟听后有些心动，他想了想，仰起头来对妈妈说："好！我替妈妈洗碗，妈妈给我零用钱！"

爸爸哈哈一笑："这个就是工资啊！你付出了劳动，获得相应的报酬，这个报酬就叫作工资，又叫薪水或薪资。"

舟舟好像明白了："那爸爸妈妈的工资是从哪

里来的呢？"

爸爸："爸爸为公司工作，工资是公司根据公司的经营状况、爸爸工作能够带来的效益而计算出的具体数额。除每月基本工资以外，加班、业绩还可以获得奖金和提成。"

舟舟："奖金是什么？是说爸爸中了彩票吗？"

爸爸："例如你现在一个月每天晚上替妈妈洗碗可以获得一百元零用钱，但如果你不仅洗碗，还帮助爸爸扫地或者替妈妈捶腿，爸爸妈妈因为享受了你更多的劳动服务，所以额外给你一些零用钱。这些额外劳动的报酬就叫作奖金。"

舟舟："哦！我明白了，干得越多，赚得越多！"

小贴士

根据《劳动法》的规定，加班需要付给员工加

班费，法定节假日加班需要付三倍工资。

到了银行后，妈妈在柜台打出银行流水账单，舟舟也跟过去凑热闹。

舟舟："妈妈，这上面写的都是什么意思啊？为什么每个数字前面都有一只大头羊？"

妈妈看到舟舟手指着的"¥"符号，笑着告诉他："那不是大头羊，是人民币的简写符号。因为人民币的单位是元，所以取汉语拼音 YUAN 的首字母，再加上两条横线用来与普通字母区分，就变成这只'大头羊'啦！"

小贴士

世界货币符号表

£ 英镑

€ 欧元

$ 美元

₩ 韩元

妈妈又从包里拿出一张工资条，舟舟凑过去看了一眼，发现一件令他疑惑的事，"妈妈，为什么银行流水单子上的工资要比这张工资条上的工资少呢？是你犯错误被罚钱了吗？"

妈妈笑了，然后用手指着工资条上两个数字给舟舟解释："这一栏叫应发，是指应当发放；另一栏是实收，是实际收入的意思，实际收入和银行流水账单上的数字是一样的。"

舟舟好奇心上来了，赶紧拉着妈妈问："妈妈妈妈，快给我讲讲，这是怎么回事啊。"

妈妈："那不是罚钱，是妈妈应该缴纳的个人所得税。"

舟舟又糊涂了："什么是个人所得税？"

妈妈："我们走在街道上，有干净整洁的马路、路灯、信号灯、护栏，街边还有一排排整齐的行道树，你有没有想过，这些都是谁出钱建造的呢？"

"嗯……"舟舟犹豫了一阵，目光看向爸爸。

爸爸："是国家、政府。你可以把政府想象成大家长，国家就是一个家。平时家里的东西都是爸爸妈妈出钱添置的，但政府没有收入来源，想要建设国家、方便百姓生活，只能靠大家一起出力，每个人都交一点钱给政府，让它用这些钱把我们的国家建设得更好。这种向社会提供公共产品、满足社会共同需要的政府财政收入，就是税收。"

舟舟："哦！我懂了，马路上的立交桥、公园里的秋千和滑梯、地铁，都是靠爸爸妈妈交的税才能建造起来。"

爸爸："还有那些清扫大街的环卫工人、福利院和养老院的工作人员、警察叔叔，他们的工资也都是从税收里发放的。爸爸妈妈交的每一分税，也有可能会变成子弹，装填进边疆战士手里的枪中，用来保护我们的和平与安宁。而且，个人所得税只是税收收入的一种，此外还有车船税、企业所得税、房产税等。"

舟舟："所有人交的税都一样吗？"

爸爸："当然不一样。每个人的收入不同。想象一下，如果收入不同的人要交同样的税，这个税要定在多少合适呢？定得高了，收入低的人交不上来；定得低了，又无法满足国家开支。所以要根据每个人的收入，按照一定比例来收税。赚得多的交的也多，赚得少的交的也少，这样才公平。"

小贴士

工资个人所得税税率表（2019 版）

| 级数 | 工资范围 | 免征额 | 税率 |
|---|---|---|---|
| 0 | 1~5000 | 5000 | 0 |
| 1 | 5001~8000 | 5000 | 3% |
| 2 | 8001~17000 | 5000 | 10% |
| 3 | 17001~30000 | 5000 | 20% |
| 4 | 30001~40000 | 5000 | 25% |
| 5 | 40001~60000 | 5000 | 30% |
| 6 | 60001~85000 | 5000 | 35% |
| 7 | 85001~ 无限 | 5000 | 45% |

? 工资个人所得税按照"（工资 – 免征额）× 税率"得出，小朋友，你能帮舟舟算一算，如果妈妈每个月工资为 16938 元，应该缴纳多少个人所得税吗？工资是 6980 元呢？

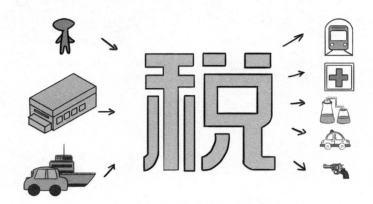

税收从人们生产活动中产生，主要用于国防和军队建设、国家公务员工资发放、道路交通和城市基础设施建设、科学研究、医疗、文化教育等领域。

你还能想到政府利用税收做了哪些事情吗?

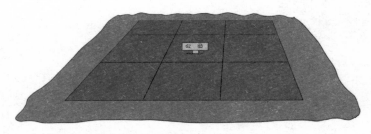

商周时期将一片土地分成九个小块,中间的一小块土地属于国家,是公田。公田收获的粮食上交国家,这是我国最早的税收形式。

先种公田,种完公田才能种自己的地。

税收增加意味着什么呢？

　　说着说着，一个银行的工作人员走过来，询问妈妈是否要用存款购买一些理财产品。妈妈摇摇头："先存成活期吧，我过段时间可能需要用。"

　　舟舟听后立刻仰起头看爸爸，爸爸笑了："你是不是想问，存款、理财和活期都是什么意思呀？"

　　舟舟的头点得像小鸡啄米一样："爸爸实在是太厉害啦！"

# 从"存钱的柜子"到银行

爸爸："在了解这些知识之前，我们先要知道银行是什么。

"一般认为现代银行起源于意大利。当时的商人因为赚钱太多，这些钱存在家里不安全，带在身边又不方便，于是金匠们开始提供新的业务——让这些有钱的商人把钱都存在自己的金柜里，并发给他们一张'存钱证明'作为凭证，拿着凭证可以随时到金柜把钱取出来。

"因为存钱凭证上只写了金额，没有存款人，所以商人们很快发现，比起交易时拿着凭证回金柜取钱、把钱交给对方、对方再拿着钱存进金柜，直接给对方存钱凭证更加方便。替商人保管金钱的金匠也发现了这点，他们开始制造更多凭证，哪怕根本没有更多的金钱被存进金柜。金匠们用这些假凭证做生意，很快赚到更多的钱，多到即使当其他人拿着假凭证来兑换金钱，他们也能提供，甚至还有剩余。久而久之，金匠们就换了一个身份，摇身一变成了'银行家'，'存钱的柜子'也变成了银行。"

小贴士

银行一词，源于意大利语 banca，意思是长板凳，因为早期的银行家都是坐在长板凳上完成交易的。英语中则转化为 bank，意为存钱的柜子。在汉语中，银行一词则是对依法经营货币信贷业务的金融机构的统称。

汉语中，"银"代表货币，"行"则指代大型商业机构，例如盐行是盐的交易场所、布行是布匹交易的场所。"银行"，顾名思义，指"货币的交易场所"。

小贴士

　　中世纪的欧洲，由于特殊的地理位置，威尼斯成为当时的欧洲贸易中心。1580 年，威尼斯银行成立，这是世界上最早的银行，随后意大利的其他城市以及德国、荷兰的一些城市也先后成立了银行。

　　在我国，明朝中期就形成了具有银行性质的钱庄，到清代又出现了票号。第一次使用银行名称的国内银行是成立于 1897 年 5 月 27 日的"中国通商银行"，最早的国家银行是 1905 年创办的"户部银行"，后称"大清银行"。1911 年辛亥革命后，大清银行改组为"中国银行"，一直沿用至今。

　　爸爸："早期，银行真的只是'存钱的柜子'而已，但发展到现在，银行已经出现了多种类型。例如中央银行——负责调节国家经济，是银行中的老大哥；商业银行——主管存款、贷款、汇兑、储蓄等业务；政策性银行——充当政府发展经济、促进社会进步、进行宏观经济管理的工具；投资银行——从事证券发行、承销、交易、企业重组、兼并与收购、投资分析、风险投资、项目融资等业务；世界银行——资金用于资助贫困国家克服穷困、提高贫困国家人民生活水平。

"我们今天来的这家是中国建设银行，属于商业银行的一种，因为国家发展需要大量工程建设而成立，早期主要承担巨额建设资金的管理和运转工作，改革开放后期才陆续拓宽更多银行职能。与之类似的还有中国农业银行、中国工商银行、交通银行等。

"除了实体银行以外，现在各大银行还开设了网上银行、手机银行等，我们在网络上和手机上就可以办理很多银行业务，不用再出门到柜台排队办理啦。"

你能猜一猜，中国农业银行、中国工商银行、交通银行在早期成立时都是负责什么工作的吗？

小贴士

国内各银行的英文缩写及标志

中国建设银行——CCB

中国农业银行——ABC

中国工商银行——ICBC

中国银行——BOC

招商银行——CMB

交通银行——BCM

中国人民银行——PBOC

## 印钞也有大学问

说着说着，舟舟突然想起一件事："爸爸，所有的银行都可以印钱吗？"

爸爸哈哈大笑："当然不行，货币发行是只有中央银行才能做的工作。"

舟舟："中央银行？就是刚刚说的中国人民银行吗？"

"对。"爸爸点点头，"中国人民银行，简称央行，是我国唯一的中央银行，主要承担制定和执行货币政策、防范和化解金融风险、稳定物价、维持合理的长期利率、管理其他商业银行等工作。还记得我们讲过的通货膨胀吗？其主要产生原因是货币增发。在我国，每年需要印发多少人民币，是由央行里的叔叔阿姨们通过精密算法算出来的。"

小贴士

小朋友们，你们在每一张人民币上都可以看到"中国人民银行"的字样哦！

舟舟惊呼："哦！他们的工作是印钞票！可是如果增发货币会产生通货膨胀的话，干脆不要印钱不就好了？"

"那可不行。"爸爸把手伸进口袋里翻找，掏出一张满是褶皱的五元钱，"你看这张钱，它已经很旧了，要不了多久就会损坏，损坏后将无法在市面上流通。也就是说，它早晚会变成一张废纸。这种票面撕裂、损缺，或因自然磨损、侵蚀，外观、质地受损，颜色变化，图案不清晰，防伪特征受损，不宜再继续流通使用的人民币被称为残缺、污损人民币。虽然残缺、污损人民币不能再继续使用，可它代表的价值没变，如果不印发新的货币填补缺口，市面上的货币将越来越少。"

舟舟："我明白了，印钱的作用是把那些用坏了的替换下来。"

爸爸："这只是原因之一。还有一个更重要的原因是，随着社会飞速发展，社会上的产值也在不断增加。还记得我们讲的通货膨胀的例子吗？假设小梦手里的棒棒糖数量是市场上的总商品数量，而你手里的贝壳是总货币数量。贝壳增多会导致棒棒糖价格上涨，但如果棒棒糖数量变多了，贝壳数量却没有变呢？"

舟舟皱眉思考："嗯……当我有两个贝壳，小梦有两根棒棒糖的时候，一个贝壳可以换一根棒棒糖；当小梦有十根棒棒糖，而我还是只有两个贝壳的时候，一个贝壳就可以换五根棒棒糖啦！棒棒糖价格变成原来的五分之一！这很好啊！"

爸爸笑着摇摇头："这只是你站在消费者角度思考，如果你换位思考，站在小梦的角度看这件事，就不会这样想了。原来一根棒棒糖就能卖一个贝壳的价钱，现在却需要五根，这种现象刚好与通货膨胀相反，叫作通货紧缩。商品好像变得没那么值钱了，生产者收入减少，生产效率也会降低，结果就是生产力滞后，经济发展缓慢。

"适当的通货膨胀可以刺激生产，抑制商品交易；适当的通货紧缩可以刺激交易，抑制生产。但无论是膨胀还是紧缩，货币价值浮动过快的话都会引起市场经济崩溃。就像一满盆水，你可以慢慢地把它推到左边或者右边，但如果你推的速度很快，盆里的水就会震荡，最后溢出来。

"你可以把市场想象成一个跷跷板，一头坐着'生产力'，另一头坐着'货币总值'。这两个小朋友一定要势均力敌，体重差不多，才能保持市场稳定。因此增发或限发货币，都属于政府的经济调控手段，需要一系列统计和复杂计算才能得出结果，可不是一般人就能搞定的。"

给孩子的财商启蒙书

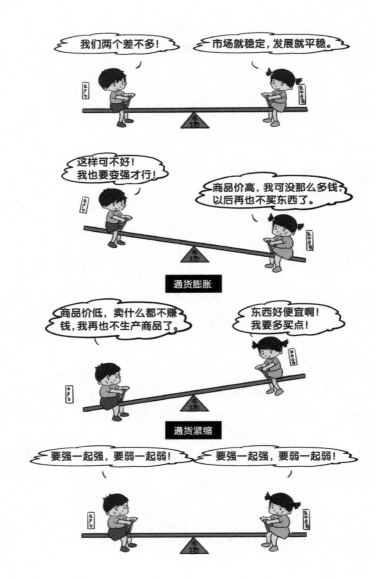

小贴士

残缺、污损人民币虽然不能再继续使用，但人们依然可以带着它们去任何银行兑换新的人民币。

根据我国《残缺人民币兑换办法》:

（一）能辨别面额，票面剩余四分之三（含四分之三）以上，其图案、文字能按原样连接的残缺、污损人民币，金融机构应向持有人按原面额全额兑换。

（二）能辨别面额，票面剩余二分之一（含二分之一）至四分之三以下，其图案、文字能按原样连接的残缺、污损人民币，金融机构应向持有人按原面额的一半兑换。

纸币呈正十字形缺少四分之一的，按原面额的一半兑换。

## 银行也赚钱吗？

听完爸爸的讲解，舟舟心中对银行存在的意义和重要性又有了更深的了解，但他又产生了一个新的疑问："爸爸，银行也赚钱吗？"

"哈哈！银行业可是最赚钱的行业了！"爸爸笑着掏出手机，搜索"2018年中国利润总额前十名企业榜单"，只见上面的十家企业中，有八家都是银行！

"哇！这么厉害！"舟舟惊呼，"银行都靠什么赚钱啊？"

爸爸："银行作为金融流通体系中的重要组成部分，其赚钱的主要方式简而言之只有三个字——钱生钱。

"还记得我们之前讲过的金匠和金柜的故事吗？金匠利用商人们对存款凭证的信任，预支金柜里的金钱做生意，这种行为放到现在叫作货币创造。虽然金柜里只有十枚金币，但金匠可以写出几百枚金币的凭证——一枚金币当几十个金币用。因为这些凭证所代表的金币数量远远超过了金柜里所储存的金币数量，所以相当于金匠们凭空'创造'出来一笔金钱，而金柜里原本的那些金钱则被称为储备金。

"银行赚钱的方式之一，就是利用市场对银行的信任，使用货币创造和储备金制度，在市场上投入大笔资金进行生产和商业活动。再利用这些生产和商业活动产生的价值，从中赚取利润。

"久而久之，当银行规模更大之后，银行家发现他需要更多的人手替他打理那些商业产业。可人越多，管理起来就越麻烦，而且并不是所有生意都能赚到钱，有时候不仅没有赚到钱，反倒赔得血本无归。为了减少人员管理和其他风险，银行家开始投资。

"社会上有很多优秀的企业家，他们有很好的赚钱办法，但却缺少启动资金。银行看准这一点，把原本用于进行商业活动的钱，转而投给这些有聪

明头脑的企业家。对于发展前景好的企业，银行选择入股——银行出钱，企业出力，赚钱后分给银行一部分利润；对于那些不太看好，但也有可能盈利的企业，银行选择贷款——银行把钱借给企业，到期后，企业不仅要把原来借的钱还回来，还要再多付给银行一部分钱作为报酬。

"这种贷款所得报酬叫作利息，而贷款的原始金则称为本金。

"我国改革开放后，个人也可以做生意赚钱，银行也渐渐开放了个人贷款、信用卡等业务，从中赚取大量利息。虽然贷款没有投资利润率高，但胜在风险小，回报率稳定，所以也是银行的主要业务之一。"

小贴士

向银行贷款时，需要选择一种保证方式证明自已有能力偿还债务。

按照贷款保证的不同方式，贷款又可分为信用贷款、担保贷款和票据贴现。信用贷款指仅凭借款人的信誉发放的贷款；担保贷款又分为使用担保人的合法资金和资产做担保的保证贷款、使用借贷人自己拥有的抵押物做担保的抵押贷款，以及使用国库券、债券、储蓄存单等有价证券做担保的质押贷款；票据贴现指贷款人以购买借款人未到期商业票据的方式而发放的贷款，也可视为一种特殊形式的质押贷款。

舟舟惊叹："银行真是太会赚钱了！可是如果一个人从银行借了钱，后来破产了，没有钱还给银行怎么办呢？"

爸爸："这种个人无力偿还债务的情况，虽然有法律介入，但银行往往还是会损失一大笔资金。我国的国有银行都是国家控股，银行的损失就是国家

的损失，所以为了避免这种资金亏损，银行在贷款之前都会对个人和企业信息进行审核，看对方是否有偿还债务的能力。对于那些明明有能力却赖账不还的人，2013 年国务院发布并施行了《征信业管理条例》。

"征信可以记录个人过去的信用行为，与公安部和银行以及多个公共平台结合在一起，可以查询例如信用卡逾期、诈骗、民事判决记录、住房公积金记录、养老保险金发放记录，以及强制执行、行政处罚、通信欠费等记录。一个人是否有借钱不还的倾向，看一看他的征信就可以推测出来。而征信报告也是个人信用记录，没有信用的人，银行是不会借钱给他的。"

"老师说过，撒谎的孩子没有糖吃！"舟舟义愤填膺起来，"如果有小朋友经常向我借橡皮但是不还，我也不会再借橡皮给他！"

爸爸："就是这个道理！"

给孩子的财商启蒙书

小贴士

　　"诚信为本"是一条很重要的行事准则。2018 年初，央行牵头组建了国家级的征信网络——百行征信。百行征信网络涵盖金融的各行各业，从此以后，任何人在任何地点，只要发生了经济活动，都将被信联记录。与此同时，国家还推出了新的措施对严重失信者进行制裁，严重失信者将不能使用信用卡、不能网购、不能购房购车、不能投资炒股、不能报考公务员……更有甚者，可能还会影响子女上大学的资格。

　　在信用社会里，没有诚信的人将举步维艰。

給孩子的財商啟蒙書

## 把钱存进银行

舟舟听完爸爸讲的故事，灵机一动，脑海中出现一个好想法：“妈妈！既然钱能生钱，我们不要把钱存进银行了，也像银行一样，把钱借出去赚利息吧！”

妈妈：“傻孩子，妈妈存进银行的这些钱，其实就是相当于妈妈借给银行的。你还记得爸爸刚才说的货币创造是如何产生的吗？”

舟舟：“商人把钱存在金柜里，他们相信存款凭证可以从金柜里取出钱。”

妈妈：“没错，在这个过程中，有两点是必不可少的——金柜里有大量的钱，商人们信任金匠和存款凭证，而信任的基础，还是因为金柜里有大量的钱。所以，银行为了能够用钱生钱，就必须保

068

证自己手里握有大量资金，这笔资金又该从哪儿来呢？"

舟舟想了想，突然灵光一闪："就是妈妈存进去的那些钱！"

妈妈："对啦！千家万户把自己手里闲置不用的钱存进银行，把银行的'金柜'塞得满满的，这样银行才有更大的信用去做投资和贷款。可百姓也不是傻的，钱放在手里也是钱，凭什么要把钱存进银行？于是，为了吸引储户——也就是像妈妈这样社会零散资金的所有者，银行愿意付给所有把钱存进来的人一部分报酬，把钱存进银行，不仅能取回本金，还可以获得利息。这些存进银行里的钱就叫作存款，由存款而获得的利息就叫存款利息。

"虽然存款利息比贷款利息低了不少，但大家还是愿意把钱存进银行。银行从存款利息和贷款利息的差价中赚取利润。

"金柜里的钱越多，银行能贷出去的钱就越多，

从差价中赚到的钱也越多,因此他们要想办法让储户把钱在银行里存久一点,今天存明天就取可不太好。于是,银行推出了多种存款方式:随时存入随时取出的叫活期存款,这种存款利率最低,也就是说存款者赚到的钱最少;钱存进去后要在规定时间之后才能取出的叫定期存款,这种存款随着规定存款时间越长,利率也越高,要远高于活期存款。此外,还有零存整取、整存零取等存款方式,这些都是银行为了吸引长期存款而设计的。"

舟舟闷头想了想,还是觉得有些亏:"但是爸爸刚才说,投资和入股才是使利润率最高的方式。"

爸爸妈妈对视一眼,爸爸大笑道:"就知道你会这么想!放心吧,还有很多人像你一样,不满足于稳定、低利率的存款,他们更愿意去风险更大的市场上搏一搏。为了吸纳这些人的闲散资金,银行还推出了基金和理财服务。

"理财,顾名思义就是管理财产。银行把所有这些愿意承担风险的储户的钱聚在一起，单独设立基金账户，将大家聚少成多而来的大笔资金投入股市、市场、债券等可以营利的地方。赚钱了大家分收益，赔钱了大家一起担着，而银行则从中收取手续费和代管费，作为报酬。但这不像存款可以有固定收益，购买理财或基金产品，常常伴随着本金亏损的风险，所以你有时会听到某人买基金赔了好多钱，也有人买基金赚了一大笔。"

舟舟噘起嘴巴："唉……赚钱还真是个技术活啊……"

你知道爸爸妈妈的钱都存在哪里了吗？是以何种方式存储的呢？年利率又是多少？如果换一种存款或理财方式，会产生什么变化呢？

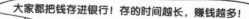

善于观察的你有没有注意到所有理财广告上都有一句不起眼的小字——"理财有风险，投资需谨慎"。现在你能理解这句话的含义了吗？

为了让舟舟更深入地了解存款和取款，爸爸妈妈商量后，决定为舟舟申请一张儿童银行卡。今后舟舟可以把自己平时攒下来不用的压岁钱、零用钱都存进银行。

舟舟看着刚申请下来的儿童银行卡，上面还印着有趣的卡通图案，心里乐开了花："太棒了！回去之后，我要拿着这张银行卡，好好给小梦讲一讲银行是什么地方，存款和理财又是什么意思！"

## 专题2 三个存钱罐的故事

　　从银行回家后，妈妈送给舟舟三个存钱罐，上面分别写着"日常""礼物""储蓄"。妈妈告诉舟舟，收到零花钱或压岁钱之后，都可以把钱分成三部分，按照需要分别存进这三个存钱罐里。"日常"存钱罐里存的钱用于平时购买零食和文具，"礼物"存钱罐里的钱则用来给自己或家人买一些小礼物，"储蓄"存钱罐里的钱只进行存储，平时不会拿出来花。

　　妈妈："比如儿童节，你就可以使用礼物存钱罐里的钱买一套玩具车给自己。"

　　舟舟："也可以在母亲节买一束花送给妈妈！因为我爱妈妈！"

　　听到舟舟这样说，妈妈乐得眉开眼笑："谢谢宝贝，妈妈也爱你哦！"

"可是妈妈，储蓄存钱罐里的钱又该什么时候用呢？"舟舟的小脑袋里总是有很多问题。

　　妈妈："钱不是一定要全部花掉呀！储蓄存钱罐里的钱可以让你在有紧急需要的时候使用，或者当你积攒到一定金额，可以用于投资和理财时，用它们去赚更多的钱。"

　　舟舟好像有些理解了储蓄的意义，但还是有些不懂："那么这三个存钱罐里的钱该如何分配呢？我可不可以把所有的钱都装进日常存钱罐？这样就可以每天都去超市买冰激凌吃了！"

　　妈妈："当然不是那样用的！你可以根据自己的需要分配三个存钱罐的金额比例，但妈妈建议你使用 5：4：1 的比例进行分配。也就是说，如果你有十块钱，日常存钱罐里装进去五元，装进礼物存钱罐里四元，剩下的一元则放进储蓄存钱罐里。"

　　"哦……"舟舟垂下头想了想，有些丧气，"每次只放一元钱，什么时候才能把储蓄存钱罐装满啊？"

妈妈鼓励他："积少成多。万事开头难，当你养成了储蓄的习惯，一元钱也会变得很重要。"

聪明的你快来帮舟舟算一下，如果每个星期在储蓄存钱罐里存一元钱，舟舟几个月能够攒够一百元呢？如果每个星期存两元呢？

# 第三章

## 价值、价格和支付方式

## 超市今天大打折！

在经历过"银行一日游"后，舟舟开始在家里帮助爸爸妈妈做一些力所能及的家务劳动。一个月后，妈妈郑重其事地拿出一张一百元钞票交给舟舟："这是你用劳动换来的零花钱，从今天开始，你可以自由支配自己的零花钱了！"

拿到自己的劳动所得，舟舟也很高兴，但他想了想，却想不出这笔钱可以用来做什么。

妈妈告诉他："你可以存进储钱罐，也可以存进银行，或者……你想不想去超市买点玩具、零食和文具？刚好今天超市打折，我也要去超市买些日用品。"

一听到玩具和零食，舟舟的眼睛都亮了："好啊！我想买一辆新的玩具车！"

拿到零花钱后，你最想做什么事呢？

到了超市之后，妈妈特意给舟舟也找了一辆儿童手推车，母子二人一人推着一辆车，把想买的东西都装进车里。

舟舟推着车，一头冲进零食区，一边往车里装零食，一边开心地对妈妈说："妈妈，超市可真好啊！东西好多啊！"

"可是妈妈，我怎么才能知道这个东西需要花多少钱呢？"

妈妈："看到每种商品下面的小标签了吗？上面写着代表价格的数字，3.95 意味着你需要花 3.95 元购买这袋薯片。当你带着这袋薯片到收银台的时候，收银员阿姨会用扫码器扫描包装上的条形码，收银系统会显示出录入的价格。所有商品都通过扫描计价并算出总价后，妈妈就按价付钱。"

过程听明白了，但有一个词舟舟没太听懂："'条形马'是什么？是长成长颈鹿那样一长条的马吗？"

妈妈哈哈一笑，随手拿起货架上的一袋薯片，将包装袋背面的条形码指给舟舟看："条形码是一组表达信息的图形标识符。看到这些黑色的竖线了吗？它们有的粗、有的细，它们之间的白色间隔也有宽有窄。条形码就是利用这些粗细宽窄不同的黑色条纹和空白间隔储存信息。假设一条粗黑线代表1，一个宽空白和一条细黑线代表2，这样我们就可以组合出 12、21、11、22 四种信息，而实际的条码编译则更为复杂。

"正规生产的产品一般在外包装的某处都有条形码，同一种商品只有一种条形码。就像你现在手里拿的这个'尚佳佳'薯片番茄味大包装，货架上摆了这么多，每一袋都是同样的条形码，这样收银员阿姨只要一扫描条形码就知道你买的是哪种薯片，而不需要费力去系统里查询，省时又省力。"

舟舟点点头，继续蹦蹦跳跳在零食区挑选零食，挑着挑着又发现了问题。

"妈妈？为什么有的零食下面的标签是黄色的？还有的在标签旁边竖起一个大大的牌子，上面写着'八折'？"

"黄色的价格标签是为了提醒你'这件商品降价了'，而'八折'的意思是这件商品在原价的基础上打了八折，按照原价格的十分之八出售。"

舟舟举一反三，立刻指向另一个写着"五折"的牌子："所以五折的意思就是按照原价格的一半出售咯！"

妈妈："没错！你真聪明！"

打几折，就是按照价格的十分之几出售。聪明的你能算一算，一件二十元的商品打六折应该卖多少钱吗？

妈妈："除了降价打折以外，超市打折还有很多其他形式哦。比如赠品、捆绑销售、积分、折扣券等。"

舟舟高兴地在零食货架旁走了几圈，发现很多商品价格都比原本的价格下降了不少，他好奇地问妈妈："超市这样便宜卖东西，不会赔钱吗？"

超市今天大打折！

可乐今日买二赠一！

我是赠品～

我们一起买，只要13元！

７元

９元

买大米赠积分，积分可以换购小礼品！

70抵100

只要花 70 元就可以买到 100 元的商品哦！

> 小朋友，你还知道哪些超市打折促销的方式呢？

妈妈："哈哈，如果按照单件商品来算，也许会；但从超市的整体盈利来看，一定不会。"

舟舟："这是为什么呀？爸爸不是说卖得越贵赚得越多，卖得越便宜赚得越少吗？"

妈妈："这件事要从生意是如何赚钱的说起。"

# 一个聪明的商人

妈妈："很久很久以前，有一个聪明人发现在西部的大草原上牛羊很多，一只羊只卖一金，而在东部地区，因为多山少平原，一只羊可以卖到五金的高价；反过来，东部地区的布匹丝绸很便宜，三匹布卖一金，然而在西部，一金只能买到一匹布，还是成色不好的布匹。

"聪明人从这两地物价的差价中看到了商机。他花十金从西部买了十只羊运到东部，每只羊卖五金，一共卖出五十金。又用这五十金在东部买了一百五十匹布，运到西部，每匹布卖一金，又卖了一百五十金。就这样，聪明人从东西两地一来一回，把十金变成了一百五十金，中间足足赚了一百四十金的差价，赚得盆满钵满。

"这种低价购入、高价卖出是商人最简单的赚钱方式。"

小贴士

　　在商业术语中，聪明人采购羊所花的十金叫作成本，卖出的十只羊叫作销量，每只羊卖五金叫作单价，用单价乘以销量减去成本最后得出的叫作利润。小朋友，你能算出聪明人卖出十只羊后可以赚到多少利润吗？

　　观察一下周围的商店和超市，你能想出他们除了进货成本以外，还有哪些成本吗？想一想商家租用商铺是否需要花钱呢？商场里的售货员每月工资又是谁支付的呢？

小贴士

你知道"商人"这个词是怎么来的吗？

古代社会分为各个部族，其中商族部落的首领叫王亥，王亥是一个比前文提到的聪明人还要聪明的聪明人。他把部落里的牛训练得既能驮货物又能拉车，让部落里的人都驾着牛车去其他部落做生意。靠着商族人的牛车，其他部族能够很方便地获取自己族内没有而其他部族有的生产物资，而商族人也能从中赚到差价，维持生活。久而久之，外族人便把他们这些做生意的人称为"商人"，一直沿用到今天。

舟舟："哇！聪明人好聪明啊！所以超市也是用这种方式赚钱的吗？如果是这样的话，他们就更不应该降价了，应该把东西卖很高的价钱才能赚钱呀！"

妈妈："超市的赚钱方式比这种原始生意要更复

杂一些。

"让我们再说回那个做生意的聪明人。某天他又去东部采购布匹时，看见布老板愁眉苦脸的。打听后得知，原来是布匹积压太多，卖不出去了。眼看着梅雨季就要来临，这些布匹如果不卖出去的话就会发霉，到时候布老板就要赔很多很多的钱。

"聪明人想了想，打算和布老板谈谈。原本他只计划购买三百匹布，一共一百金，分摊下来每三匹布一金。现在他打算用一百五十金，把布老板的六百匹布都买下来，分摊下来每四匹布一金，比之前便宜了很多，卖到西部去可以赚更多的钱。布老板也很开心，虽然剩下的三百匹布折价卖给了聪明人，但卖得便宜点总比烂在家里好，两个人就这样愉快地达成了交易。

"到了西部之后，原本一匹布卖一金，但聪明人为了快点把这些布卖出去，选择降价销售——买两匹送一匹，这样下来六百匹布一共卖了四百金，减去买布的一百五十金，聪明人这次赚了二百五十金的差价，比以前要多赚五十金！

"超市也是利用这种方式。超市客流量大，每日卖出的商品也不少，因此它可以大量进货，进货价便可以压得很低，这样即便商品打折出售，超市也能从中获得利润。就拿这包薯片来说，超市卖3.95元一包，但它的进价可能只有2元钱，超市就是这样赚钱的。"

小贴士

其实超市促销还可以获得更多好处。快要过期的酸奶通过打折促销可以清空库存，减少损失；新上市的饼干通过捆绑销售和赠品形式可以让消费者更快接受，扩宽市场。除了这些以外，你还可以想到什么好处呢？说出来和爸爸妈妈一起讨论一下吧。

给孩子的财商启蒙书

去往西边

给孩子的财商启蒙书

去往西边

远方的来客啊，要不要买一只羊？只要一金，很便宜的嘞！

居然这么便宜？那我买十只吧！

你这件衣服布料真好，在哪里买的？
我们这边不生产布匹，我愿意用一金买一匹你这个布料。

好的，我会帮你留意一下。

093

给孩子的财商启蒙书

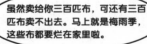

舟舟："妈妈，这些商品进价和售价的差价，全都进了超市老板的钱包吗？"

妈妈摇摇头："不全是。超市老板通过卖东西赚得这些差价，还需要从中掏出一部分钱支付租用商铺的租金、雇佣售货员和收银员的工资，以及缴纳增值税等其他支出，这些支出都是超市的运营成本。

超市为了减少运营成本，把仓库空出来。有时会把积压或临近过期的商品折价出售，甚至售价会低于进价。这些难以售出的商品折价售出后，超市就有了多余的仓库用来装那些好卖又能赚更多钱的商品。"

舟舟："超市真的很会赚钱啊！"

妈妈："说到清理库存，在上个世纪，西方国家有过一段经济动荡时期，为了少赔钱，商人们宁愿把大桶大桶的牛奶倒进江里，也不愿意运送到其他地方售卖。你能猜到是为什么吗？"

见到舟舟摇头，妈妈继续解释："那个时期，市

场上牛奶的价格很便宜，商人们雇用马车和马夫把牛奶运到城市里所花的钱甚至比把牛奶卖出去赚到的钱还要多。也就是说，成本大于利润了，所以就只好倒掉。"

小朋友，在平时生活中你有没有发现，有些同样的商品在不同地方价格却不一样？你能通过上面的故事猜一猜是什么影响了商品价格吗？

## 买玩具车还是饼干礼盒？

舟舟在超市货架上看到了新推出的饼干正在大促销，原价五十多的饼干礼盒现在只要三十块，而且还送一个绒毛玩偶，赠送的玩偶粉嘟嘟、圆鼓鼓的，看上去可爱极了。

舟舟开心地抱着一大盒饼干放进车里，妈妈见他这样做，小声提醒他："舟舟，玩具车还要买吗？"

舟舟点点头："买呀！当然要买！饼干也要买，饼干可是在大打折！妈妈不是说打折的商品都很便宜吗？不买就亏啦！"

妈妈："但是这一大盒饼干需要三十块钱，虽然打折，却也比其他饼干贵很多。你一共只有一百元钱，买了饼干就没有足够的钱买玩具车了哦。而且

---

家里的零食已经很多了，你刚刚也拿了最喜欢吃的薯片，为什么非要买这盒饼干呢？"

看到舟舟陷入两难的抉择，妈妈决定先把饼干留在购物车里，一边向放玩具车的货架走，一边给舟舟讲了另一个故事。

"从前有一个村子发了大洪水，所有来做生意的商人都被困在这里，里面的人出不去，外面的人也进不来。眼看着时间一天一天过去，村子里的食物越来越少，商人们开始把自己的货物拿出来，能吃的就吃、不能吃的也都拿去换成食物保命。

"这里有一个卖陶瓷的商人，他的陶瓷做工精巧、花纹华丽，放在市场上一个瓷瓶可以卖五十两银子。陶瓷商人也饿了，他去馒头铺想要买两个馒头吃。卖馒头的人说：'一个瓷瓶换一个馒头。'

"陶瓷商人当然不同意：'我的瓷瓶放在市场上可以换你两大麻袋馒头！'卖馒头的人也不劝他，反正他不买还有其他人要买。陶瓷商人眼看着其他商人用毛皮、布匹、首饰、调味品换了不值钱的馒头吃，心中暗道：'都是傻子，一个馒头才值多少钱。'等洪水退了之后，其他商人虽然损失了不少货物，但因为有食物可吃全都活了下来，而陶瓷商人呢？"

舟舟："陶瓷商人怎么样了？"

妈妈："大家在馒头铺的后面找到了已经饿死的陶瓷商人，临死前，他还抱着自己的一箱子陶瓷不肯松手。"

舟舟叹息一声："太惨了。"

妈妈："因为大洪水时期，食物紧缺，所以一个馒头才能卖出平时难以想象的高价。一件商品，只有在其价值大于价格的时候购买才是划算的；相反，当价格大于商品价值的时候，无论它的标价多低都不划算。现在你已经有很多零食，不需要更多的饼干，饼干对你而言价值为 0，那么无论你花多少钱去购买它都不划算。"

小朋友，你知道什么是价值？什么是价格吗？价值和价格之间又有什么关系呢？

　　舟舟感觉妈妈说的有道理，但又舍不得买饼干赠送的玩偶，小声嘟囔着："可是这还送一个绒毛玩偶……"

　　妈妈看出了舟舟的心思，于是又给他讲了另一个故事："还是在那场洪水中，卖猪肉脯的商人因为缺少食物，只能把自己要卖的猪肉脯拿出来吃。可天天吃猪肉脯很腻，他决定用自己的猪肉脯去找其他商人换些别的食物。愿意和他交换的商人有两个，一个是卖苹果的，另一个卖辣椒。卖苹果的商人说自己愿意用三个苹果换一块肉脯，卖辣椒的商人说自己愿意用一整袋辣椒换一块肉脯。猪肉脯商人想了想，一袋辣椒可比三个苹果多多了，于是他决定和卖辣椒的商人交换。可是他没有考虑到一件事——自己不能吃辣椒。最后，一袋辣椒他一口也没吃，等到洪水退了之后，他不仅依旧每天吃猪肉脯，一整袋辣椒也全都烂了。

"对于猪肉脯商人来说，苹果是比辣椒更为需要的东西，但他只顾着眼前的蝇头小利，没有考虑苹果和辣椒能够带给他的价值，所以最后他不仅没有改善生活，反而还赔了钱。"

聪明的舟舟一点就通，他自己盘算着："比起绒毛玩偶，我更喜欢玩具车。我不需要饼干，而且这个玩偶就算买回去也玩不了几次，如果把买饼干礼盒的钱省下来买玩具车，我就可以玩很久了。"

于是他仰起头："妈妈，我懂了，要按照需求买东西，不需要的东西没必要买，需要的东西挑最有价值的买。我越需要的东西，对我来说价值越高，是这样吗？"说完，舟舟主动把饼干放回了货架上。

妈妈摸着舟舟的脑袋瓜："就是这样，没错！"

小贴士

小朋友们，花钱之前想一想：我需要吗？我真的想要吗？有其他更划算的商品可以替代吗？这个价格值得吗？

# 专题 3 "快乐单价"

　　看到这个标题你是不是会以为我疯了？"快乐单价？快乐是可以用钱来计算的吗？"

　　这里的"快乐单价"，当然不是让你真的用钱去购买快乐的心情，而是用钱去买一些能够让人快乐的商品。商品当然能够给人带来快乐，当你拿到一个绒毛玩具或一个小汽车时，你的快乐是不一样的。如果你喜欢玩偶，也许毛茸茸的兔子玩偶会比小汽车更能令你感到快乐；如果你是个喜欢机械玩具的孩子，毫无疑问小汽车才是最能让你快乐的那个。

　　在决定买哪种商品前，我们可以把那些能够令人快乐的商品根据"它能够令你有多开心"来量化，开心程度用笑脸表示。"一般开心"画一个笑脸，"有一些开心"画两个笑脸，"比较开心"画三个笑脸，

"特别开心"画四个笑脸,"非常、特别、无敌开心"画五个笑脸。于是你就知道了,当你买回这件商品后,你能获得多少笑脸,用商品价格除以笑脸数量,得到的数字就是这件商品能够让你快乐的"单价"。

假设一辆自行车需要五百元,一个篮球需要两百元,而你一直想要骑着自行车飞驰在公园里,对打篮球则没有那么热衷,那么拥有自行车的开心程度就是五个笑脸——"非常、特别、无敌开心",拥有篮球能够得到的笑脸可能只有一个。这样算来,自行车的"快乐单价"就是 $500÷5=100$ 元,篮球的"快乐单价"就是 $200÷1=200$ 元。虽然篮球比自行车便宜很多,可显而易见的,购买自行车能够获得的快乐更便宜一些。

学会计算"快乐单价",并因此产生存钱去买令人更快乐的东西的动力,这能让你活得更加快乐。

## 学会花钱和存钱

放回饼干后，舟舟看见妈妈在冷藏区面对着两种牛奶犹豫不决，于是上前询问："妈妈，你遇到什么困难了吗？"

妈妈拿着两瓶牛奶问舟舟："这两瓶牛奶，一瓶750ml（毫升），卖12元，一瓶1000ml，卖15元，你能帮妈妈算一下买哪个更划算吗？"

舟舟也陷入了思考，究竟该怎么算哪一瓶牛奶更便宜呢？大包装的贵一些，但牛奶更多；小包装的便宜，但是牛奶少。

妈妈见舟舟算不出来，于是调出手机里的计算器，一边计算一边给舟舟解释："在比较哪种商品更划算时，我们其实比较的是相同数量的商品分别需要花多少钱才能买到，也就是说，我们需要计算牛

111

奶每毫升或每 100 毫升的单价是多少。这样算——

"小包装 750ml 卖 12 元，所以我们用 12÷750=0.016，这瓶牛奶每毫升卖 0.016 元；大包装 1000ml 卖 15 元，我们用 15÷1000=0.015，这瓶牛奶每毫升卖 0.015 元。"

舟舟："哦！妈妈，我懂了，大包装的更便宜！我们买 1000ml 的！而且我们家有三个人，一次刚好能够喝完一大瓶，不会浪费。"

聪明的你能够帮妈妈算一下，5 千克大米卖 55 元，4 千克大米卖 48 元，哪个更便宜吗？为什么舟舟要说"一次刚好喝完一大瓶不会浪费"呢？如果大瓶牛奶喝不完，买回家还是更划算吗？

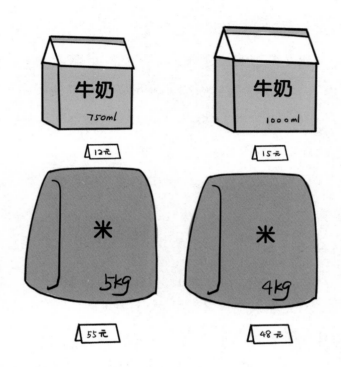

走到鲜果区，舟舟先跑到一堆苹果前挑了几个又红又大的苹果装进袋子里，但是当他看到价格后，又犹豫了。

"这里的苹果每斤 3.7 元，但我记得上次和姥姥去大市场，那里的苹果每斤只要不到三块钱。妈妈，我们去大市场买苹果吧。"

妈妈接过舟舟手里的苹果，放进购物车里，说"但是去大市场需要坐车，坐车又要花多少钱呢？"

舟舟想了想："坐公交一去一回需要四块钱，打车的话更贵……"

妈妈："对啊，虽然大市场的苹果便宜，但你为了去大市场买苹果而花在路上的钱也要算进去哦。这样算起来，大市场的苹果是不是也没有那么便宜呢？"

舟舟点点头："有时候为了买东西而花掉的钱比这件东西的实际价格还要高。"

妈妈："没错，这部分多花的钱叫作隐性成本。所以在买东西的时候，不仅要关注商品的实用性、价值、价格，还要多多思考是否需要付出更多的隐性成本哦。"

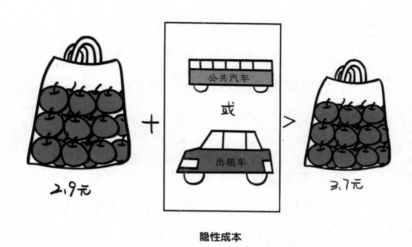

2.9元 + 公共汽车 或 出租车 > 3.7元

隐性成本

**?** 你还能想到其他为购物而花掉的隐性

成本吗？可以举例说一说吗？

挑完水果和蔬菜后，舟舟和妈妈终于来到了玩具区。舟舟直奔着玩具车的货架跑去，货架上有两

115

种小汽车，舟舟都很喜欢——一款是蓝色的小跑车，另一款是红色的越野车。但可惜的是，这两款车的价格都是一百元，舟舟只能买其中的一辆。

妈妈看到舟舟很为难，于是劝导他："妈妈也有很多东西想要买，但钱是有限的，你必须要学会取舍——选择一个，舍弃另一个。"

舟舟还是很难从两个都很喜欢的玩具车中选出一个更喜欢的，但是他一抬头，看到了货架最上面的一个大大的敞篷遥控汽车，眼睛立刻亮了起来："妈妈，我要那辆遥控车！"

妈妈看了眼标签："这辆遥控车可是需要五百块钱哦，你现在只有一百元。"

舟舟向妈妈求助，但妈妈希望舟舟可以自己解决这个问题，于是给他提了两个建议："你可以先买一个便宜的玩具车回家，也可以把这个月的一百元零用钱存起来，等存够五百元之后，妈妈再带你来买这辆遥控汽车，你认为呢？"

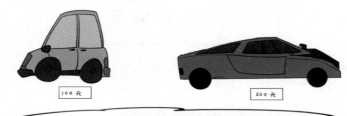

普通玩具车立刻就可以买到，但它没有遥控车有趣。

100 元

500 元

遥控车可以让我玩得更开心，但它需要忍耐五个月才能买到。

舟舟想了想，每个月替爸爸妈妈做家务能够得到一百元零花钱，五个月以后就是五百元。为了最最喜欢的遥控汽车，他愿意忍耐五个月。

于是他决定今天什么都不买了，为了以后能够买遥控汽车，他要把这个月的零花钱全都存起来！

写给爸爸妈妈的小贴士

是选择一个便宜的、可以立刻获得的玩具车，还是选择一个昂贵的、需要等待的遥控车，这个问题最好让小朋友自己选择哦！

给孩子的财商启蒙书

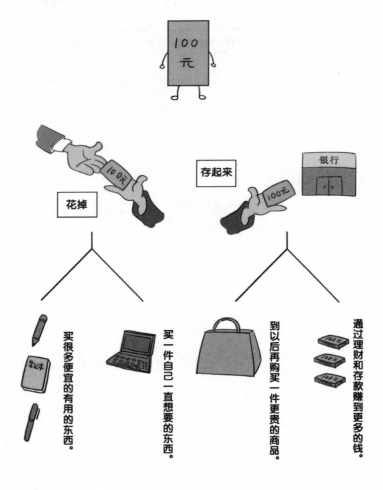

# 如果你有 100 元

花掉

存起来

银行

买很多便宜的有用的东西。

买一件自己一直想要的东西。

到以后再购买一件更贵的商品。

通过理财和存款赚到更多的钱。

专题 4 超市预算法

在去超市之前，一定要先进行购物预算。首先，要列一张详细的购物清单，清单上包括必须要买的物品、可买可不买的物品两项。家里的洗手液用完了，那么洗手液就属于必须要买的物品。同理，已经用光了的纸巾、笔记本、铅笔、大米、盐等也都属于必须要买的物品。如果小朋友有学习需要，那么书籍和练习册也属于必须要买的物品。

除这些必要物品以外，家里已经有的或不经常使用的以及可以用其他物品替代的东西，就都算可买可不买的物品。例如如果家里已经有了很多橡皮，那么新橡皮就属于可买可不买的物品，无论它是否造型别致；如果小朋友不经常出门运动，那么羽毛球拍、网球拍、篮球等也属于可买可不买的物品。

给孩子的财商启蒙书

　　然后根据实际情况，确定这一次的购物预算金额。

　　在预算范围内，先买必须要买的物品，只有所有必需品都买完后，才可以去考虑那些可买可不买的物品。如果预算有大量剩余，可以选一个自己最喜欢的物品，例如一直想要的自行车、特别喜欢的棒球帽等；如果预算剩余不多，可以在预算范围内选择一个替代品，例如大品牌的网球拍很贵，但因为平时不经常打网球，所以可以选择一个便宜一点的网球拍替代。或者把这次购物的剩余预算存起来，留着下次攒够了钱，再来买一个最好的。

## 你选择什么支付方式?

舟舟和妈妈推着购物车来到收银台结账,收银员阿姨把商品一个一个从车里拿出来,放在扫码器上扫描商品条形码,紧接着,收银机的显示屏上就出现了商品信息、价格和折扣方式等信息。舟舟吃惊地看着这一幕,感慨有了条形码,真是方便又快捷!

"您好,一共是三百八十四元七角,请问您用什么方式支付? 现金、扫码还是刷卡? "收银员阿姨甜甜地笑着对妈妈说。

舟舟问:"妈妈,付钱有这么多种方式吗? "

妈妈一边在包里翻找钱包,一边回答他:"当然啦。就像古时候人们觉得带金子出门很麻烦,所以发明了纸币一样。随着社会发展,商品价格越来越高,现代人也发现带着大量纸币或硬币出门实在是太麻烦了，而且如果钱包被偷或者丢在哪里，想找回来会更麻烦。于是……"

"于是我们又发明了刷卡和扫码支付！"舟舟抢答。

妈妈："没错"。

妈妈最后从钱包里掏出一张超市的充值卡，这是超市为了吸引消费者而自己制作的卡片，只能在规定的超市进行消费。顾客提前用便宜的价格从超市购买充值卡，在超市消费时使用充值卡内余额进行付款。

充值卡的余额不够支付这次的消费，妈妈只好又掏出手机，选择扫码支付剩下的款项。

舟舟看到妈妈用手机摄像头扫描了收银员阿姨出示的一个小牌子，好奇地问道："妈妈，扫码支付扫的也是条形码吗？为什么这个条形码这么大？"

妈妈耐心解释道："手机扫码支付一般使用的是二维码。你看这个由很多黑白小格子组成的方方正正的大格子，就叫二维码。二维码储存信息的原理和条形码类似，但存储信息量更大，所以我们可以使用扫描二维码来完成付款、转账、登录网站等复杂操作。

　　"在手机上下载支持移动支付的软件，例如支付宝、微信等，按照提示步骤绑定银行卡。接下来就可以通过支付软件扫描二维码，使用绑定好的银行卡进行付款啦。"

　　在回家的路上，妈妈继续给舟舟讲解关于银行卡的知识："你知道刷卡用的银行卡都有哪几种吗？

　　"银行卡一般可分为借记卡和信用卡两种。

　　"借记卡可以在网络和 POS 机消费或者通过 ATM 转账和取款，不能透支，卡里存多少钱花多少钱。刷卡消费或取款时，钱直接从持卡人的储蓄账户划出。如果储蓄账户剩余金额小于消费金额或取款金额，是不可以消费或取款的哦！

　　"信用卡的使用方式刚好和借记卡相反。银行通过对持卡人的信用评估，决定给持卡人设定一定

金额的信用额度，在每月信用额度范围内，即使卡内没有存款，持卡人也可以随意使用信用卡消费，但在每月结账日必须要通过转账、存现等方式把透支的钱还回来。信用卡也可以在信用额度范围内进行取款，但取现后需要付给银行不菲的利息，所以只适合在资金极为紧缺时使用。

"但是要注意，使用信用卡时，如果不能及时还款或频繁利用信用卡取现，将会记录在个人征信中，影响以后的贷款、投资、子女升学等。"

小贴士

借记卡和信用卡只是银行卡的两大分类，银行卡还可以按账户币种不同分为人民币卡、外币卡和双币种卡；按发行主体是否在境内分为境内卡和境外卡；按用户级别不同分为金卡、白金卡、黑卡等。

小贴士

　　当心移动支付陷阱、网络诈骗，请小朋友们一定要在家长监护下进行支付操作哦！

## 使用 ATM 机

从超市出来后，舟舟这个月的一百元零花钱还是没有花出去。妈妈问舟舟："要不要把钱存起来？"

舟舟上次已经在银行设立了储蓄账户，银行发给了他一张儿童借记卡。带着这张卡和一百元钱，妈妈领着舟舟来到了街边一个机器面前。

这个机器高高大大的，有一个大屏幕，屏幕下方还有插卡口、输密码的键盘、出钞口，屏幕上方有一面小镜子。

妈妈提醒舟舟："这个机器叫作自动柜员机，也叫 ATM 机，可以用来存款、取款、查询、转账和更改银行卡密码。但是要注意，在使用 ATM 机的时候要警惕身后是否有可疑人员，屏幕上方的小镜子就是方便你观察身后情况的。"

　　妈妈引导舟舟把银行卡插入插卡口，ATM 机立刻出现语音提示："请输入六位密码。"

　　密码键盘上有遮挡挡板，但在使用时还是需要警惕周围是否有可疑人员偷看密码，必要时可以用手来遮挡密码键盘，保护银行账户安全。

小贴士

　　如果密码被其他人看到，卡里的钱就有可能被别人取走哦。所以小朋友们在输入密码时一定要注意遮挡和警惕周围人员。

　　输入正确的账户密码后，屏幕上出现许多栏目选项：查询、取款、存款、转账、退卡。妈妈一个一个地向舟舟介绍："查询的意思是查询银行卡里还

给孩子的财商启蒙书

有多少钱，你点一下，屏幕上出现的数字就是插进ATM机里的这张银行卡的剩余金额。点击取款按钮后，再输入取款金额，ATM机就会吐出相应数额的钞票，同时把这部分钱从你的储蓄账户中减去。点击存款按钮后，ATM机的入钞口挡板会打开，按照提示平整放入纸钞，ATM内置的点钞机会计算你放入的钞票的金额，并在屏幕上出示核对；如果屏幕上的数字和你放入的钞票金额相等，就可以点击完成按钮，这部分存进ATM机的金额就会加到你的储蓄账户中。转账需要提供另一张银行卡的卡号或汇款账户，输入卡号后再根据提示输入转账金额，点击确认按钮后，这笔钱就从你的账户中转到另一个账户里啦。如果不需要其他操作，可以点击退卡按钮，卡片会从插卡口退出，记得取走，不要留在这里哦！"

舟舟按照妈妈的提示，先点击存款按钮，然后把自己的一百元纸币放进去，ATM机里出现数钱声音，随后屏幕上显示出"纸钞：1 张，金额：100 元，余额：×××××元"的字样，点击确认按钮后，钱就被存进卡里啦！

ATM 机一般只能存入或取出面值为一百元的纸质人民币，其他面值或币种需要到人工柜台操作。

ATM 机上方的后视镜可用来监视身后情况，如遇危险，请立即拨打报警电话。

确认存款金额正确，如果发生数钞错误，请及时拨打机器上方的电话号码与工作人员联系。

输入密码时注意周围是否有可疑人员，必要时用手遮挡，保护账户资金安全。

退卡后记得及时取走银行卡，如遇吞卡、卡片无法退出的情况，请站在原地不要离开并立即与工作人员联系。

# 第四章

## 长大以后的世界

## 爸爸妈妈把钱花哪儿了？

回家的时候，舟舟问了妈妈一个终极问题："妈妈，咱们家谁管钱？"

妈妈"扑哧"一声笑了出来："咱们家当然是爸爸妈妈一起管钱，但如果你感兴趣的话，我和爸爸也可以让你当一个月的小管家，让你了解一下每个月发工资后，爸爸妈妈都把钱花在哪里了。"

"好的！"舟舟激动地跳了起来。

一个月后，舟舟总结了一下自己这个月的管家情况。以下是本月消费账单：

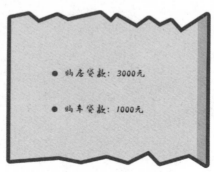

- 购房贷款：3000元

- 购车贷款：1000元

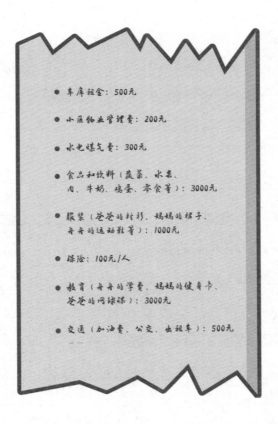

● 车库租金：500元

● 小区物业管理费：200元

● 水电煤气费：300元

● 食品和饮料（蔬菜、水果、肉、牛奶、鸡蛋、零食等）：3000元

● 服装（爸爸的衬衫、妈妈的裙子、舟舟的运动鞋等）：1000元

● 保险：100元/人

● 教育（舟舟的学费、妈妈的健身卡、爸爸的网球课）：3000元

● 交通（加油费、公交、出租车）：500元

......

    这个账单实在是太长了，舟舟以前从没想过一家人的生活开支包含这么多内容，这里面有很多是舟舟以前完全不知道的，但在爸爸妈妈的解释下，他现在也渐渐理解了。

小朋友，这份账单和你家的家庭支出有哪里不一样吗？询问一下爸爸妈妈，也尝试着写一份家庭账单吧！

　　拿到手里的钱叫"收入"，零花钱、压岁钱都算作收入；花出去的钱叫"支出"，路费、门票费、零食钱都算作支出。

　　一个月后，用收入减去支出，剩下的就是本月结余啦。记得记好用款事由和备注，方便自己日后总结哪些钱花多了，哪些钱花得很划算，以便及时调整下月用钱计划。

儿童卡通账单模板——你会记账吗？

| 日期 | 收入 | 支出 | 事由 | 备注 |
|---|---|---|---|---|
| 2019-2-4 | +1000 | | 奶奶给的压岁钱 | |
| | | -100 | 游乐园门票 | 游乐园的海盗船很好玩 |
| | | -20 | 爆米花和可乐 | 爆米花不好吃 |
| | | -5 | 公交 | |
| | | | | |
| | | | | |
| | | | | |
| | | | | |
| 总计 | 1000-100-20-5=875（元） | | | |

## 专题 5 简单的流水账

写作文时，老师常常说不要把故事写成流水账，但在做家庭财务收支计算时，小朋友们一定要知道"流水账"该如何写，才能更好地做出财务计划。

这里的流水账是指不分账目，按照时间顺序把每一笔收入和开支都记下来的家庭账本。小朋友可以尝试一下，从一天早上出门开始计算：

上学坐车：-1 元

早餐：-5 元

午餐：-15 元

下午零食：-3 元

买练习册：-34 元

放学回家：-1 元

收到零花钱：+10 元

......

流水账的重点在于每一笔收入和开支无论金额大小都要记下来，这需要小朋友有足够的毅力和耐心，千万不能三天打鱼两天晒网，今天记得记账、明天又忘记了。只有能够坚持记账的人，才更清楚自己手中钱的流向。还记得三个存钱罐的故事吗？流水账可以帮助你更好地分配三个存钱罐里的资金，究竟是该往日常存钱罐里多存一些钱，还是该往礼物存钱罐里多存一些，只要翻一翻之前的流水账单就全都明白啦！

怎么样？有信心试一下吗？先从坚持记账一个星期做起怎么样？

**购车、购房贷款**

出于多种考虑，很多家庭选择在购房或购车时使用银行推出的个人贷款业务，前期只要支付购房、购车全款价格的一部分，剩下的钱银行会借给你用于买房或买车。接下来的几年时间，你就可以住在新家里，开着新车，每个月还给银行一部分钱和利息，直到所有的借款和利息都还清。

购房贷款本质上是一种超前消费——花以后的钱，买今天的房子。而是否需要选择贷款买房或买车，则是通过多方面考虑才能得出结论的。

小贴士

还记得我们在第二部分讲的"征信"吗？

全款      贷款

贷款需要支付给银行高额利息，
我不想多花那么多钱

我虽然现在有钱，但不确定以后还能不能
赚到这么多钱，不希望有还贷压力

全款购买的房子出售时办手续更方便

我的征信里有不良记录，无法从银行贷款

我急需一套房子住，但我现在没有那么多钱

考虑到通货膨胀和房价上涨，即便需要支付
给银行利息，贷款买房也很划算

我不想把积蓄全部用来买房，万一出现点什
么麻烦急需用钱就不好了

剩下来的钱我可以用来投资，或许能够赚到
比利息更多的钱

贷款的还款方式一般分为"等额本金"和"等额本息"两种。

等额本金的意思是每月归还同等数额的本金，以及剩余本金产生的利息。因为本金逐渐减少，利息也会逐渐减少。

等额本息的意思是每月归还金额一致，其中一部分拿去还利息，一部分拿去还本金。

简单来说，等额本金总还款利息低，且还款金额逐月递减，但首月还款金额很高。等额本息总还款利息高，但每个月的还款金额一致，首月比等额本金还款金额低很多。

小贴士

想要总还钱少，就选择等额本金；想要每个月还钱少，就选择等额本息。

购房时除了使用商业贷款，还可以使用住房公积金贷款，利率更低。问一下爸爸妈妈，家里的房子是全款购买的，还是使用商业贷款或公积金贷款购买的呢？

**保险**

在账单中，舟舟最奇怪的就是支付给保险公司的这笔钱。

妈妈说这些钱都用来给家里人购买商业保险的，购买的种类还不少，有人身意外险、人寿保险、健康保险、汽车保险等。可说是用来买保险的，但舟舟却从来没在家里见过一个叫作"保险"的东西，他把家里翻了个遍，怎么也没找到妈妈买的这个"保险"放在哪儿了。

舟舟小心翼翼地问妈妈："妈妈，你是不是把买

回来的保险弄丢了？没关系，我不会告诉爸爸的……"

妈妈哈哈一笑："傻孩子，买保险不是买了一件东西回家，而是购买一份保障。"

"保障什么？"

"举个例子，爸爸前几天开车时不小心撞到了小区里的花坛，把车撞坏了，修车三千多块钱。但因为我们购买了汽车保险，简称车险，保险公司查明情况之后，替我们支付了全部的维修费用，所以我们最终一分钱也没花。

"再比如，前段时间奶奶心脏病需要做手术，手术费用一共五万块。但因为我们给奶奶买了健康保险，最终保险公司替我们支付了80%的手术费用，我们只花了一万元。"

"哇！保险公司真是好人啊！"舟舟感慨道，"他们这样做是为了做福利吗？"

妈妈："保险公司属于商业公司，他们这样做也是为了营利。"

小贴士

人身意外险：被保险人遭受意外事故造成死亡或永久致残，由保险公司给付保险金额的全部或一部分的一种保险——"出现意外了赔钱"。

人寿保险：以被保险人的寿命为保险标的，且以被保险人的生存或死亡为给付条件的一种保险——"期满或死亡了赔钱"。

健康保险：在被保险人身体出现疾病时，由保险公司向其支付保险金的一种保险——"生病了赔钱"。

舟舟："可是他们把钱都花出去了，该怎么赚钱呢？"

妈妈："因为你只看到了我们家，却没有看到千千万万的投保家庭。假设一共有一千位投保人买了健康保险，每年每人一千元，保险公司就能收到一百万元的保险金。在投保的一年时间内，如果这一千位投保人都没有生病，保险公司一年的收入就是一百万元；如果有一个人生病，保险公司只要支付给这一位投保人看病的钱就可以了，只要治病费用不超过一百万元，保险公司还是有利润可赚的。

"而对于那个生病的人，他只花了一千元，却可能报销上万元的医疗费用，更是划算。其他投保人也是同样的想法，虽然多花了一千元，但万一生病的是自己呢？"

舟舟："那如果我们发现生病后马上去买保险，岂不就既能省下保险钱，也能报销医疗费用了？"

妈妈："那可不行。在购买保险之前，保险公司会对投保人的年龄、习惯、身体健康状况进行核查，还会要求提供投保人的近期体检报告。如果你生病后才去买保险，保险公司有权拒绝你的保单，或者增收你的保险费用。

"保险费用也是因人而异的。拿健康保险来说，保障的是在保期内投保人的身体健康，所以身体越健康、越不容易生病的人，保险费用也越低，因为保险公司认为你未来需要保险公司报销医疗费用的概率很低；反之身体虚弱、很容易生病的人，保险费用相对较高，因为保险公司认为你在未来需要报销医疗费用的概率很高，不愿意承担太高风险。

"所以在咱们家，爷爷奶奶的人身保险费用最高，因为老年人容易生病，而爸爸妈妈的人身保险费用则相对便宜些，因为身强体壮的年轻人不容易生病。"

小贴士

以非法获取保险金为目的，违反保险法规，采用虚构保险标的、保险事故或者制造保险事故等方法向保险公司骗取保险金的行为属于保险诈骗罪。

如果之前给老人买过保险，治病就不用花这么多钱了。

你这个不行，你一看就是要生大病啊，我会赔钱的。

可你不是说谁都可以买保险吗？

要不你多交一点钱吧，这样我的风险会小些。

希望这些买了保险的人都不要生病！

现在很多商业保险都已经兼具储蓄功能，在保期结束后，如果没有出现任何需要保险公司赔偿的事故，投保人可以将购买保险的钱取出来，但保险公司不会支付投保人利息。小朋友，你来说一说，保险公司这样做还能赚到钱吗？想一想银行是怎么赚钱的呢？

在舟舟当家结束后，妈妈告诉舟舟："除了这些支出以外，爸爸妈妈每个月都会从工资里拿出一部分存起来。"

舟舟："为什么要存钱呢？既然我们的钱够多，为什么不买更贵的衣服、换更贵的车，或者经常出去旅游玩一玩呢？为什么要把钱存起来？"

妈妈："因为我们要理性消费，不能经常去买那些超出我们能力范围的商品。如果我们每天都吃大餐、开豪车、买奢侈品，把所有能用的钱都花出去，万一遇到什么需要花钱的地方，不就没有办法了？还拿奶奶生病来说，虽然保险公司可以报销 80% 的医疗费，但如果爸爸妈妈银行卡里一分钱都没有，我们连剩下的 20% 医疗费都掏不起。"

舟舟："妈妈，我懂了，适当存钱可以让人有安全感，减轻意外带来的经济压力。"

## 怎么才能赚到更多的钱?

懂得如何花钱和存钱后,舟舟又遇到了一个大问题:钱从哪儿来呢?

妈妈告诉舟舟,现在他还不满十六岁,法律上不可以像爸爸妈妈一样上班工作。但是等到长大后,他可以利用自己的知识和技能找到工作。所拥有的技能越稀缺、知识越多,能够赚到的钱也就越多;又或者,那些危险、辛苦、很多人不愿意做的工作,因为工作的人少,工资也会较高。

随着社会的发展,机械和计算机技术的飞速提升,有很多工作正在逐渐被机器所替代,例如公交车售票员、停车场收费员、缝纫工人和分装工人等。多学会一种技能,将能够更好地抵御这种被机器替代的风险。

我是科学工作者，我了解世界上最顶尖的科学技术，我因为自己的头脑和科学创造而获得工资。

我是高空作业清洁工，常常在百米高空上做清洁工作，我因为自己的勇敢和细心而获得工资。

我们是各行各业的劳动者。
我们因为自己为社会创造的经济效益而获得工资。

给孩子的财商启蒙书

　　工作多种多样，你长大以后想要做什么工作呢？为什么想做这种工作？为了能够胜任这份工作，你需要提前准备什么样的技能呢？

小贴士

　　在我国，任何企业和个人不得雇用十六岁以下的儿童工作，雇用童工属于违法行为。

在韩国电影《诚实国度的爱丽丝》中，女主角在学校只学会了使用计算器和打字机，但等她毕业后，人们都已经开始使用电脑进行工作。即便女主角是全国使用计算器计算最快的人，但因为她不会使用电脑，所以依然找不到工作，最后只能屈居在农村与城市交界处的一家小工厂里。小朋友们，通过这个故事，你认识到学习的重要性了吗？明白大人们为什么常常说"活到老，学到老"的道理了吗？

　　找工作时，你需要先了解哪些企业正在招人，有没有适合自己的岗位，然后准备好自己的简历，在简历上写好自己过去的教育背景、工作经历和专业技能。接到面试邀请后，带着简历去公司面试，用人公司会根据你的简历和面试情况决定是否聘用你，以及给你发多少工资。

除了为别人工作赚取工资以外，你也可以选择做自由职业或自己开办公司。

自由职业者一般是指独立工作，不隶属于任何组织的人。你可以选择做一名作家，在家创作文章并出售给出版社，赚取稿费；也可以选择做律师，替委托人处理法律问题、打官司、撰写合同文件，赚取佣金；也可以做一名设计师，根据客户需要设计海报、宣传册、传单、商标等，赚取设计费用。

自由职业者相比在公司上班的员工，有优势也有劣势。自由职业者的优势在于能够充分发挥自己的特长，可以根据自己的需要随意支配时间，不用按时按点上班，随时都可以休息，也随时都可以工作。但劣势也很明显，因为没有固定工资，自由职业者每月的收入并不稳定；需要自己缴纳五险一金或不缴纳，自己缴纳五险一金很麻烦，但不缴纳又享受不到社会福利；因为没有强制工作时间，自制力不强的人很容易自甘堕落，丧失工作的动力。

小贴士

"五险一金"是指用人单位给予劳动者的几种保障性待遇的合称，包括养老保险、医疗保险、失业保险、工伤保险、生育保险以及住房公积金。

定期缴纳养老保险满一定年份后，员工可在退休后每月领取退休金。退休前缴纳的养老保险金额越多、缴存时间越长，退休后可以领取的退休金也就越多。

医疗保险可在国家许可的医疗机构使用，并在检查、治疗、购买药品时享受一定的优惠和报销。

失业保险可以在员工失业期间提供一定的失业补助金。

缴纳工伤保险后，员工因工伤而需要花费的医疗费、住宿费、交通费等均可申请报销。

缴纳生育保险后，员工或其配偶可在生育休假期间领取生育津贴。

住房公积金是单位和员工共同缴存的长期住房

储金，员工购房时可以使用住房公积金贷款，贷款利率低于商业贷款利率。

当然，你也可以选择自己开办公司，雇用别人来为你做事。

创办公司需要带着初始资金去工商局备案，工商局会让你填一个表格，在填写表格前，你必须要想好公司靠什么来赚钱。假设你想做铅笔生意，在工厂制作铅笔并售卖出去，那么你的盈利方式就是赚取售卖铅笔的差价。

公司成立后，你需要考虑很多事情：制造铅笔的原料从哪里来？制造铅笔的机器准备好了吗？你愿意支付给工人多少工资来雇用他们帮你使用机器制造铅笔？制造出来的铅笔卖给谁？需不需要额外雇用销售员帮你售卖铅笔？

当以上所有问题都解决之后，一箱箱的铅笔被制造出来摆在你面前，现在你又遇到了一个更大的难题：这些铅笔应该卖多少钱？

那么你认为卖多少钱合适呢？如果你的铅笔是独一无二的、只有你能制造的铅笔呢？

对于消费者而言，他们希望铅笔的价格越低越好；但对于你而言，你当然希望铅笔的价格越高越好。价格越高，你能从一支铅笔上赚到的钱越多，但铅笔的销量可能不好，因为会有很多消费者选择购买别人家便宜的铅笔或者转而购买圆珠笔代替，虽然一支笔赚得多，但总共也卖不出去几支。价格越低，你从一支铅笔上赚到的钱越少，但铅笔的销量也许会增加，因为消费者认为买你的比买别人家的铅笔划算。虽然一支铅笔赚得少，但因为卖得多，所以赚到的钱也不会少。

实际上，一个商品的定价是企业通过严密的市场调查得出的。他们会根据从各个方面收集来的统计信息，预测定价和销量的关系，并从中找出一个总利润最高的定价。

以下是模拟的新型铅笔上市后定价与销量的关系，假设制造一支铅笔的所有成本是 0.8 元。如果你是公司老板，你最终会将价格定为多少呢？

| 定价（元／支） | 利润（元／支） | 销量（支） | 总利润（元） |
| --- | --- | --- | --- |
| 0.8 | 0 | 1000000 | 0 |
| 0.9 | 0.1 | 100000 | 10000 |

| | | | |
|---|---|---|---|
| 1.0 | 0.2 | 80000 | 16000 |
| 1.1 | 0.3 | 75000 | 22500 |
| 1.2 | 0.4 | 50000 | 20000 |
| 1.5 | 0.7 | 20000 | 14000 |

　　当你通过认真努力地工作和理智消费、定期存款之后，手里应该有了一定的积蓄，这些放在手里暂时不需要的钱可以用来投资理财，为你带来更多收益。理财按照风险从低到高可以分为定期存款、债券、股票，你知道这些理财的收益都是多少，风险又是由何而来的吗？

小贴士

　　"拿出一笔资金去做一件可以赚钱的事情"就叫作投资。

# 定期存款、债券、股票、基金

### 定期存款

在第二章第五节我们已经知道，银行为了吸引储户的资金，所以对所有把钱存进银行的储户支付利息。利息是通过存款利率来计算的，计算方式又分为单利和复利两种。

单利是指本金不变，每个月能够获得的利息也不变。复利是指每月产生的利息自动转变为本金，在下个月继续产生利息。我国银行存款一般采用单利计算法，但部分活期和其他金融机构也能提供复利的计算方式。

在这里有一个特别的数字你可能需要记住——"72"。

金融学上有所谓"72定律"，意思是用72除以复利年利率再除以100，最终得出的数字意味着你需要多长时间才能够将本金翻倍。

例如你存进银行200元,按照复利年利率8%来计算,利用72法则,72÷8=9,即需9年时间你就能够从银行取出400元。当然按照这种利率计算方式,无论你当初存了多少,等到9年之后,你都能从银行取出两倍的本金,这就是复利的力量。

"72定律"并不是一个严谨的公式,它只能帮我们粗略估算复利计息下本金翻倍所需的时间。

本金 × 利率 = 利息,在这个公式里,如果是

月利率，得出的数字就是一个月能够获得的利息。如果利率是年利率，得出的数字就是一年能够获得的利息；例如一百万元本金，年利率3%，一年后能够获得的利息就是三万元。

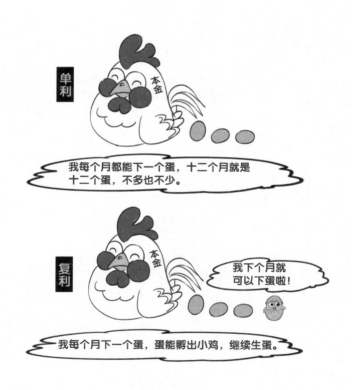

移动 App 支付宝提供的"余额宝"服务就是典型的复利计算法，和爸爸妈妈一起算一算，如果将一百万元人民币存进余额宝，通过利滚利的复利计算方式，一年后一百万能够变成多少钱呢？年利率不变，使用单利计算方式又能获得多少钱呢？

相比于其他理财方式，定期存款的利率比较低，但它的风险很小，唯一的风险是——你存钱的那家银行会不会倒闭。

**债券**

债券这个名字你可能没听说过，但"债"这个字代表"借款"，"券"则是纸票的意思，合起来就是"借款的纸票"。债券是政府、企业、银行等债务人为筹集资金，按照法定程序发行并向债权人承诺于指定日期还本付息的有价证券。简单来说，就是政府、企业或银行在缺钱的时候向公众借钱，而当你把钱借给政府、企业或银行后，他们会给你一张"借款凭证"，也就是债券。当你持有债券时，对方会每个月或每年支付给你借款的利息，这也是债券投资的盈利方式。当债券到期后，也就意味着你借出去的钱到期了，对方应当按期归还向你借的那部分钱。

债券需要到证券公司或银行购买，购买时需要注意三点信息：债券面值、年限和利率。

债券的面值决定了你会借给对方多少钱，年限意味着这些借款将在什么时间还给你，利率则决定了你能够通过债券赚到多少钱。

举个例子：A 公司需要更多资金来扩大市场，为此不得不通过证券公司售卖债券。每张债券面值一千元，五年期，年利率是 5%。如果你购买一百张债券，需要花费十万元，每年可以获得五千元利息，五年之后，A 公司会收回债券，并还给你十万元钱。

A 公司的五年期债券，面值一千元，年利率 5%。

好的，一共是十万元。

我要买一百张。

您购买的 A 公司五年期债券利息已到账，收入 5000 整。

小贴士

　　国债是一种特殊债券，它由国家发行，具有最高的信用度，被公认为最安全的投资工具。每个国家都会发行国债用来筹集资金，不仅个人和企业可以购买国债，国家和国家之间也可以互相售卖和购买国家债券，例如中国就购买了大量的美国中长期国债。

　　债券比定期存款的利率要稍微高一些，它的风险也随着债券发行主体的发展而相应变化，例如和平期的国家是最稳定的，国债的风险也最小；但如果你不幸购买了一家经营不善的公司发行的债券，就要祈祷在债券到期之前，这家公司不要倒闭才好。

**股票**

股票和债券很相像，都是为了募集资金而发行的。两者的区别有：债券的发行主体可以是政府、企业或银行，而股票只有股份制公司才能发行。购买债券后，到期时发行主体需要归还购买债券的本金，相当于你借钱给公司；而购买股票后，公司并不会归还你购买的本金，也没有固定持有期限，你售出股票之前，这些股票一直归你所有。

听到这里，你也许会像舟舟一样很吃惊："如果这样，为什么妈妈说买股票能够赚钱呢？"

这件事我们还要从什么是股份公司说起。

股份公司为了募集资金，把公司的资产分成好多份，每一份以固定的价格卖出去，这里的一份就是一股。每一个购买公司股票的人，实际上都是公司的股东之一。假设 TOP 公司发行了一千份股票，妈妈购买了两份，就相当于妈妈拥有了千分之二的 TOP 公司哦！这里 TOP 公司发售的股票，被称为原始股。

小贴士

每一个购买公司股票的人都是公司股东。

当 TOP 公司的老板出售公司股票后，这些股票就和公司老板一点关系也没有了。那一千份 TOP 公司原始股票和其他公司股票一起在股票市场供人交易。

没有购买到股票的小甲因为看到 TOP 公司的营利能力，也想要做公司股东，而他做股东的方法就是购买 TOP 公司的股票。因为小甲急于购买股票，于是他愿意用比原始股更高的价格从妈妈手中购买，二人成交后，TOP 公司的股价就上涨了。

当然同样的，也有可能会有人认为 TOP 公司的经营情况不太好，急于出售自己手里的股票，甚至愿意以低于原始股的价格出售，这样 TOP 公司的股价就会下跌。

单股交易价格从五十元涨到五十五元

哦！现在外面公司市值已经
涨到五万五千元了！

我通过卖股票赚到了十元钱！

现在我是 TOP 公司的股东，
可以获得公司盈利分红了！

在实际情况中，股票会被转手很多次，这期间股票价格会经历涨涨跌跌、跌跌涨涨，如果能够在股票涨跌过程中低价买入股票，再高价卖出，就能够从中赚得差价。

但同样的，如果你不小心在价格高点购买了股票，就很有可能会赔掉一大笔钱，这里面的风险就很高了。

小贴士

进行股票交易的场所叫作证券交易所。全球有很多证券交易所，例如纽约证券交易所、纳斯达克证券交易所、东京证券交易所、伦敦证券交易所、新加坡证券交易所、悉尼证券交易所、上海证券交易所、深圳证券交易所等。每次交易时，无论是买入还是卖出股票，都要给交易所支付一定比例的手续费，用来维持交易所的正常运转。

**?** 小朋友，这里交易的手续费，是否应该算在购买股票的成本中呢？

有一点需要注意的是，假设你购买股票时每股三元钱，通过一段时间的自由交易，这只股票在市场上已经涨到了六元，但这并不意味着你赚到了钱，要等你把手里的股票卖出去，才算是真的赚到钱了。当然也有可能，就在你准备交易的过程中，这只股票又跌到每股两元。

当股票市场在很长一段时间内一直上涨，我们则称股市处于"牛市"阶段；如果股票市场在很长时间内一直下跌，我们就说股市处于"熊市"阶段。

你有没有注意到，很多金融公司会在大厅里摆放一只铜牛工艺品，现在你知道它有什么寓意了吗？

小贴士

因为股票市场瞬息万变，涉及金额庞大，只是很小的涨幅或跌幅都有可能带来巨额盈利或损失，所以人们又发明出一个词，叫作"基点"。每一基点代表万分之一，也就是 0.01%。当人们说股价上涨十个基点时，意味着这只股票价格上涨了 0.1%。

**基金**

因为股票风险大，需要人花费大量精力来查看股票市场变化，所以滋生出了"基金"。

基金公司通过售卖基金，从投资者身上募集到大量资金，而这些钱他们并没有用来运营公司，也没有开办工厂，而是用来购买债券、股票，并交给专门的基金经理人打理。

基金和股票一样有份额和涨跌，只不过基金的涨跌依据是基金池的总金额。假设某基金公司决定设立一个新的基金，取名叫 AC，派职业基金经理人王经理打理。AC 基金设定一百万份，每份一元，你花一百元买了一百份。当一百万份基金全部卖出后，AC 基金一共募集到一百万元，这些钱全部交给王经理。王经理使用这一百万元投资股票、债券等，几天后赚到了十万元，现在 AC 基金池一共有一百一十万元，每份价值 1.1 元，你手里的一百份基金也跟着上涨，总共价值一百一十元。当你此时把基金卖出后，就可以赚到十元。

如果王经理在投资过程中赔钱了，赔了十万元，AC 基金的总基金池就从一百万元变成了九十万元，每份价值 0.9 元，你手里的一百份基金也跟着下跌，总价值九十元。如果你这个时候卖掉基金，就会亏损十元。

基金有很多种类，根据投资内容不同，基金可以分为债券基金（基金池内资金主要用来投资债券）、股票基金（基金池内资金主要用来投资股票）、产业基金（基金池内资金主要用来投资实体产业）等。当然，有时一只基金会同时投资多种内容，例如同时投资债券和股票、股票和产业等，这种基金叫混合型基金。

有一种基金很有趣，它的名字叫作指数型基金，基金池内资金主要用来购买股票，但又和股票不同，它购买的是能够影响指数的股票，又叫指数成分股。

**什么是指数？**

每一个证券交易所都是一个股票交易市场，不同证券交易所挂牌的股票也不一样。同一家公司，也许你在上海证券交易所可以买到他们家的股票，但却无法在纳斯达克证券交易所购买到，因为这家公司没有在纳斯达克证券交易所上市。对于这些完全不同的股票交易市场，投资者该如何判断哪个市

场更适合投资呢？上海证券交易所昨天好像全都跌
了，但纽约证券交易所是不是涨了？还有深圳证券
交易所呢，究竟是涨了还是跌了？

　　在证券交易所挂牌的股票有好几千只，有一些
股票表现不错，昨天涨了五个点；有一些股票表现
不怎么样，昨天跌了十五个点。但究竟是涨的多还
是跌的多呢？人们不可能把这些股票全都列出来一
个一个查看。为了方便判断某个股票市场行情，人
们选取在这个市场上市的一小部分股票，把它们组
成一个指数，而这些幸运入选的股票就被称为指数
成分股。通过这些指数成分股的表现，人们可以粗
略估计出这个交易市场的整体情况。

小贴士

　　"沪深 300 指数" 就是从上海、深圳证券交易所

挂牌股票中挑选出 300 只股票组成的指数。

指数基金就是将这些能够代表股市行情的成分股全部买一点，如沪深 300 指数基金，就是买齐了上海、深圳证券交易所的 300 只成分股。股市总体上涨，指数上涨，基金也跟着上涨；股市总体下跌，指数下跌，基金也跟着下跌。但好处是，因为你购买的股票种类足够多，即便是上涨或下跌也不会像单一股票一样波动幅度过大。

### 其他投资

除股票、基金以外，市面上还有很多的投资方式。

黄金的特殊性质导致它的价格会随着通货膨胀或紧缩而缓慢上浮或下跌，因此有人大量囤积黄金，用来抵御通货膨胀。此外，银、铂等贵金属也是人们投资的方向。

近年来，人口增加导致房价上涨，也有人会用手里的钱多置办几处房产用于投资，待房价上涨后再转手卖掉，获取差价。

原油市场也是人们钟爱的投资方向之一。

但在投资时，一定需注意投资平台和资金流向。随着网络技术的发达，我们在家就可以完成签约、转账、购买等操作，有很多骗子利用这一点，以"投资"为名实施诈骗行为，小朋友们要提醒爸爸妈妈，在投资时一定要擦亮眼睛，谨防上当受骗。

## 如何分配投资

你或许从很多地方都听说过这句话——"不要把鸡蛋放进同一个篮子里"，这句话是什么意思呢？

我们可以这样设想：你现在通过努力工作赚钱、节省开支，积攒下五百万元。你可以选择定期存款、购买债券、投资股票、投资基金、囤积黄金等多种方式为你这五百万元升值。

如果你选择定期，一年后到期取出，赚到的钱很少，但邻居小梦已经通过投资股票赚了比你更多的钱，你可能会有些后悔："当初为什么不买股票呢？"

如果你选择投资股票，经历过多个牛市、熊市之后，手里的钱不多不少，刚好还是五百万元，这时你会想："如果当初选择存定期，现在至少还能赚点钱。"

如果你选择购买基金，运气不太好，刚好赶上经济不景气、经理人出事，一年后把基金卖出，扣除手续费、管理费后，居然还赔了不少钱，这时你会想："如果当初购买债券，现在应该也能赚点钱。"

单一的投资方式会让你承受更多风险。虽然篮子里的鸡蛋被石头砸烂的概率很小，但只要有一颗石头砸中了你的篮子，你所有的鸡蛋都会遭殃。

所以，最简单的方式就是把鸡蛋分开，每个篮子里都放一点。

于是你选择把五百万分开，一部分存定期，一部分购买债券，一部分投资股市和基金。一年之后，股市动荡，你赔了一点钱，但是没关系，你还有定期存款和债券，这部分收益刚好抵消了你在股市赔进去的钱，或许还有剩余。合理的多元化投资能够分担你的投资风险，让你有底气去进行高风险投资，因为"没关系，即使赔了，我还有另一部分收入"。

## 想办法赚别人的钱

### 进口税

世界上有很多国家，这些国家每天都在想着如何赚到更多的钱，用来巩固军事力量、提升社会福利、改善生活环境……没错，就像一家公司一样。

> 你能想到国家在哪些方面需要大量资金吗？

我们之前已经知道国家通过税收来筹募资金，

但羊毛出在羊身上，国内的钱无论如何周转流动，最终还是只有那么多。比如政府出资一百万建桥，建桥的材料从国内采购，花费三十万；建桥的设计师是中国人，设计费花费二十万；建桥的工人是中国人，工人工资花费五十万。同一笔钱，从百姓手中征收上来，因为建桥花了出去，又流入百姓手中，转来转去，还是只有那么多钱。最好的办法是和其他国家进行交易，赚别人的钱。

世界就像一个大型市场，每个国家都希望自己生产的东西能够在别的国家销售出去，为自己国内引进大量外来资金；同样的，他们也不喜欢别的国家在自己的地盘上卖东西，让国内的资金流到国外。为此，很多国家都会设置进口税率，即"到我们国家卖东西可以，要交钱"。

设置进口税不仅能够增加政府收入，还能影响进口商品的市场竞争力。假设同样两瓶啤酒，一瓶是国产啤酒，一瓶是美国啤酒，两瓶酒的成本都是三元钱，但因为国家对美国啤酒征收 50% 的关税，即每卖出一瓶美国啤酒，就要交给中国成交额的 50%。这样美国啤酒在中国市场上就必须要卖到六元以上才能够赚钱，否则就会赔本。而国产啤酒因为不需要缴纳进口税，所以可以继续维持低价。在质量相同的情况下，大家当然更愿意购买便宜的国产啤酒，这笔买啤酒的钱就不会被美国赚去。

有时，为了某些战略发展目标，国家也会降低或减免某一国家的某种商品进口税率。

例如中国生产的某款手机需要一种特殊零件，但国内并未掌握制造这种零件的工艺技术。为了能够制造出更多的手机向市场销售，我们不得不减少对这种零件的进口税率，甚至不征收进口税款，这样才能吸引零件厂商把零件卖给中国的手机制造商。

虽然国家也设有出口税率，但因为出口税会影响商品在海外市场的销售价格，所以大部分国家会将出口税率设为 0，或者根据出口情况减免或补贴出口税款。

？ 听到这里，你知道为什么进口商品总要比国产的贵一些吗？你明白为什么国家要大力发展科学技术了吗？如果所有商品国内都不能生产，只能依赖进口，未来会变成什么样子呢？

小贴士

http://www.customs.gov.cn/

这个网站是中华人民共和国海关总署官方网站，在首页＞在线服务＞在线查询＞进出口商品税率查询里，可以查询到不同进出口商品税率。

## GDP

在看新闻时，你也许会注意到这样一个词：国内生产总值（Gross Domestic Product，简称 GDP）。国内生产总值指的是一定时期内一国居民在本国范围内所生产的全部最终产品和劳务的市场价值总

189

额。例如把国内一年生产的所有产品（服装、食品、钟表、玩具等）所产生的价值加在一起，再加上服务行业（服务员、教师、警察、医生、公交车司机等）提供的各种服务价值，最终得到的总和就是一个国家在本年度的 GDP。

GDP 是一个历史概念，因为我们不可能在 2019 年还没过完的时候就知道 2019 年我们一共生产了多少产品，产生了多少价值，我们只能知道在过去的几年中，例如 2018 年、2017 年、2016 年的 GDP 是如何变化的。但 GDP 依然可以帮助我们了解某一国家的经济是在衰退、停滞，还是增长。如果 GDP 相比上一年增长，意味着国内的经济水平也在增长，公司制造和销售的产品变多了，我们的国力正在增强。

一些跨国投资者很注重 GDP，因为当产品和服务业的价值呈增长态势时，也就意味着能在这个地方赚到更多的钱，产生更多利润。如果我们能保持

GDP 稳步增长，就能吸引来更多的海外投资，从另一个角度吸纳海外资金，用来发展壮大国内经济。

中国近年来 GDP：

2015 年：685992.9 亿元

2016 年：740060.8 亿元

2017 年：820754.3 亿元

2018 年：900309.5 亿元

数据来源：国家统计局官方网站

**资源**

除了进口税、海外投资，国家赚取外汇的另一个重要方式就是出售本国资源。

这个资源可以是人力资源，例如中国、印度

和越南正在成为世界主要的加工工厂，无数工人在工厂里辛苦工作，这些辛苦工作的工人就属于人力资源。

国家资源也可以是自然资源，例如一些中东国家因为石油资源丰富，所以吸引了大批资本家投资，在当地开采石油。除了石油以外，树木、黄金、其他贵重金属、水果、海产品等都属于自然资源。挪威就曾因为向中国出口三文鱼而赚了一大笔钱。

### 文化输出

文化产业是一种新兴的产业模式，亚洲最早从日本开始。日本靠着自身发展迅速的漫画文化产业，对外进行文化输出，同时也因为漫画的周边、版权费等赚了很多钱。美国的好莱坞通过制造故事精彩纷呈、特效场面栩栩如生的电影，而在海外市场疯狂吸金。同理还有韩国的偶像文化、英国的语言教育等。

## 专题 6 从小爱工作！

"别闹了，我连学习都不爱，为什么要爱工作？如果不是为了赚钱，世界上没有人爱工作。"看到标题后，你是不是想这样反驳我？但是这样的想法是大错特错的！

工作可以赚到工资，但这只是工作意义的其中一部分，就像认真学习就会成绩好一样，有这样想法的人只是看到了事情的表面，并没有深入思考。

为了成为一个比别人更出众的人，我建议你换一种思考方式来思考工作和学习究竟意味着什么？

学习的意义不在于应付考试，而是学到更多知识。回想故事最初，舟舟因为知道了"以物换物"的知识，而跟小梦提出了交换建议，那么他是不是和其他不懂这一知识的小朋友不一样？春游前大家一起去超市买零食时，因为舟舟学会了如何计算单价，所以知道买什么规格的零食才更划算，与其他小朋友相比省下了更多的钱，而他又用省下来的钱买了一辆自行车。哇，这简直太酷了！

学习的意义从来都不只是为了考试能考得更高分，这只是表象。同理，工作的意义也不只是为了赚钱，还能在毕业后也能继续学习。

如果你真的理解了学习的意义，就不会再问出"为什么从学校毕业以后还要继续学习"这种问题了。工作中面临的每一次挑战都是一次学习机会，每一次接触新的行业也都是学习机会。你也许会听大人经常说起"律师和医生都是很聪明的职业"，难道你不会好奇吗？如果工作只是为了赚钱，为什么还有"聪明的职业"这种形容呢？

工作可以让你保持学习、保持与人交流、保持与社会接轨、保持不被科技发展的浪潮远远落下……爱工作就是爱生命，有意义的工作能够让你的人生变得更加有意义。

谁不想过有意义的人生呢？

## 金融危机的产生

2008 年，全球经济经历了一次很严重的动荡——银行没有钱、企业没有钱、百姓没有钱，仿佛一夜之间钱全都消失了一样。这次严重动荡被称为全球经济危机。

因为每个国家都在想方设法从其他国家手里赚钱，所以国家与国家之间的联系非常紧密。就像超市老板每天早上都要去早点摊吃豆浆和油条，早点摊老板每天晚上回家时都会去超市买一些面粉，准备第二天早上做油条。如果某天超市老板没钱吃早点，早点摊老板也就没有钱买面粉，超市老板赚不到面粉钱，第二天早上更不会有钱去吃早点……这样一个恶性循环就产生了。如果放在全球层面上，这就是一个很大的金融危机。

那么"超市老板"为什么没有钱吃早点了呢？这件事还要从次贷危机说起。

2007 年，美国政府因为战争，急需大量资金注入国外战场。

钱从哪里来呢？税收。

税收又如何产生呢？交易。

于是，美国政府开始鼓励人民进行交易，从最值钱、税收最多的房子开始。为了鼓励人民买房，政府更改政策，出资资助首次购房者支付首付，鼓励银行把钱借给那些原本不具有贷款资格的人，也就是次级贷款人。这些人信用较差、没有足够的还款能力和稳定的收入来源，银行原本不会把钱借给他们，但是因为政府出资支持，这些人还是顺利从银行拿到了购房贷款，有能力买房了。

房子只有那么多，买房的人却变多了，于是房价开始上涨。原本在自由市场中，市场会自发调节的，房价上涨后，还款压力变大，买房的人变少，房价就会下降，但因为美国政府的政策扶持，中间一环出现了问题——还款压力没有了。

一般来讲，身上背负房贷而且没有良好收入来源的人应该很难从银行借到钱，但还是因为政策扶持，银行不仅把钱借给了他们，还允许他们用上一套房产做抵押，继续贷款购买下一套房子。

例如，詹姆斯在银行贷款买了一套房，紧接着他又用这套房做抵押，贷款买了第二套房、第三套房、第四套……因为无论房地产商建造多少房子，都有人能够利用这种方式买下来，而且不需要花太多的钱，所以美国的房价一直在涨。因为房价一直在涨，美国房地产商增盖了很多房子，银行也开始相信那些手里拥有很多套房产的人有能力偿还债务，而不断借给他们钱买更多的房子，即使他们除了这些房子以外没有其他财产，也没有稳定收入。

直到有一天，房子盖得太多了，没有人能够继续购买，房价便开始下跌。

最先倒霉的是詹姆斯，房价下跌，他没有能力去偿还那些抵押贷款的债务，于是房子全都被银行收走了。其他像詹姆斯一样的抵押购房人的房子也都被银行收走了……然后，所有的房子都到了银行手里，银行开始倒霉。

银行之所以愿意让这些人用房子抵押贷款，就是因为看中了美国的房价一直在涨，即便贷款人无力偿还贷款，收回来的房子转手卖出，银行也不赔钱。看上去很美好，但是，现在卖给谁呢？

房价上涨时，大家都相信买房可以赚钱，今天买明天卖，转手就赚了一笔。但是房价下跌时，大家就不敢买房了——万一房价继续跌下去怎么办？

没有人买房，房价下跌，更加没人敢买房，房价继续下跌……银行的资金都变成了房子，而房子还在飞速贬值，现在就轮到那些证券和金融公司倒霉了。

早在詹姆斯贷款买房子的时候，银行就已经把他的贷款转交给了金融公司。简单来说，就是詹姆斯向银行借了五十万，分十年付完，利息一共五万元。银行把这笔贷款卖给金融公司，立刻就能收到五十二万元的现金，这笔资金又可以拿去借给另一个詹姆斯买房，而金融公司则用五十二万从银行那里买来了为期十年、到期后收获五十五万元的"债券"，怎么看都是个双赢的买卖。

直到"詹姆斯"们没钱还款了。

金融公司的债券没有办法收回预期成本，但倒霉的不只他一个。从银行那里买回这些债券后，金融公司又通过证券公司把这些债券分成了很多份基金，卖给那些基金投资者。

事情就像多米诺骨牌一样：詹姆斯没钱还款，银行收回房子也卖不出去，债券无法收回预期成本，基金池紧缩，基金暴跌。投资者们开始疯狂抛售自己手里正在不断下跌的基金，这导致了基金进一步飞速下跌。可即便他们已经把手里的基金抛售了出去，也依然赔了很多钱。于是，资本市场也开始倒霉了。

投资者因为次贷危机亏了不少钱，没有钱去投资企业，企业只好降低生产成本，途径之一就是裁员和缩减员工工资。

倒霉的詹姆斯就是企业员工之一，现在他或者没了工作，或者赚得更少，连维持生活都困难，又哪里有钱去买房或者偿还债务呢？总之，故事开头的循环又一次开始了……

因为当时美国正处在全球经济的中心，很多国家都与美国有金融往来。美国的这次金融危机通过各大跨国银行、金融公司、证券公司被辐射到全球各地，多家大型金融机构倒闭或由政府接手，这就是 2008 年全球金融危机的由来。

**?** 小朋友，故事涉及的税收、贷款、债券、基金等内容，你还记得是什么意思吗？

# 第 五 章

## 钱不是万能的

## 不要被钱支配

现在你是不是已经开始跃跃欲试，想要赚更多的钱了？但在此之前，你需要了解一件很重要的事——"钱不是万能的"。

钱可以买来书本文具、面包牛肉、房子和车，你出门、吃饭、上学、穿衣服都需要花钱，甚至连喝口水也需要花钱，在现代社会生活，可以说离开钱将寸步难行。

但钱不是万能的。

它可以买来大房子，却买不来健康的身体；可以买来好看的衣服，却买不来失去的青春；可以买来好玩的游戏机，却买不来幸福的感觉。

有些人为了赚钱而拼命工作，他们每天早上六点起床，凌晨两点才休息，每天只睡四个小时，其余时间不是在工作就是在去往工作的路上；有些人为了赚钱而违背良心，出卖身体，甚至做出违法犯罪的行为；有些人为了工作，每天吃住在公司，从不回家；还有一些企业家为了赚钱，绞尽脑汁克扣工人工资、使用劣质原材料、减少生产成本……

为了赚钱，有的人年纪轻轻就被推进手术室抢救，就算挣了再多的钱也没有办法把他从死神的手中拉回来；为了赚钱，有些人不惜铤而走险，最终被警察抓进监狱，人生中将有很长一段时间只能在铁窗里度过，和社会隔离；为了赚钱，有些人很长时间见不到家人、朋友，人际关系疏远，最终孤身一人。

所以说，钱不是万能的，钱是由人去支配的，在未来任何时候人都不要被钱支配。

## 快乐和金钱没关系

金钱可以令我们得到美味的食物，也可以用来买书本、文具、玩具，更可以让人坐上跑车、住进大房子，可是金钱可以换来妈妈的早安拥抱吗？可以换来爸爸的睡前故事吗？金钱可以让我们跑得更快、跳得更高、知道更多知识吗？

"金钱是好仆人、坏主人。"当你使用金钱，你就是金钱的主人；当你为了金钱忙碌，你就是金钱的奴隶。成为金钱的奴隶会让我们被钱蒙蔽双眼，忘记身边幸福快乐的事情。当然，我们不得不承认，有了钱就可以得到许多想要的东西，就能建立一个在物质上比较富裕的家庭，也就能过较为舒适的物质生活。但是，我们每一个人的生活绝不是只要拥有高档的物品就等于一切美满了，因为幸福的生活除了物质享受之外，精神上的愉快也是必不可少的，有时甚至更为重要。

你可以用钱买一辆自行车在公园里飞驰，但这种快乐是自行车带给你的，还有带你去公园玩的父母、让你能够安心骑车不怕坏人的警察叔叔，以及你的作业已经写完了，不怕第二天被老师罚站。想象一下，如果爸爸妈妈每天都在吵架，如果路上全都是坏人，如果你第二天就要开学但暑假作业一个字都没写，你还能开心快乐地在公园里骑自行车吗？这个时候，哪怕是骑着昂贵的自行车在公园里玩，也很难令人开心。当你长大后，你会更容易发现，即便是吃着粗茶淡饭，没有优渥的薪资或者大城市中的便利生活，也可以通过其他方式获得幸福。和朋友聚会、帮助他人……简单的小事都能令人感到非常幸福。

给孩子的财商启蒙书

和朋友一起在家里聚会

在轻松的氛围里和同事一起开会

和爱人一起做晚餐

为父母过生日

长大后的生活

## 专题 7 区分"需要的"和"想要的"

树立正确的金钱观，我们就要学会区分我们"想要的"和我们真正"需要的"。其实我们想要的东西每天都是不断变化的：今天我们可能想要一个精致的玩具，明天我们可能又想买一些美味的零食，后天我们还会有更多的需求。但值得注意的是，这种需求并非你真正所必需的，而是内心欲望的一种体现和延伸。

什么是我们需要的呢？需要是指那些我们生活中所必需的东西，也就是说如果没有它们，我们可能就会活不下去，或者让日常生活和生活质量受到严重影响的东西。我们最基本的必需物其实很常见，比如空气、水、食物和衣服等。

那什么是我们想要的呢？这个概念比较简单，

想要就是指那些我们想要拥有，但是没有它们也能正常生活下去的东西，比如玩具、糖果、游戏机、新手机等。

那如何在生活中更好地区分这件东西是不是我们真正所需要的呢？我们可以模拟自己处于一种必须做出选择的情境中。比如，现在假设我们全家人要出门旅游，但是由于飞机载重的限制，为保证飞行的安全和所有人的公平与便利，每个人只能带五件行李，其他的不得不舍弃，这五样东西就需要你从自己所有的物品中精心挑选出来。经过你反复筛选出来的这些东西肯定就是你需要程度最高的东西，而其他你甘愿舍弃的物品可能就是你想要但又不是必须拥有的东西。我们在遇到无法区分一件东西究竟是"想要"还是"需要"这种难题时，就可以自己玩一玩这种游戏，让自己对自己的欲望能有更加冷静清晰的认识。

我家里已经有一辆自行车了，但是这辆更漂亮，我想要它。

我家离学校比较远，我需要买一辆自行车，上学、放学都可以骑着它出门。

## 养成感恩的习惯

没有人能够脱离其他人而独立存在。服装厂的工人辛苦缝制衣服，司机叔叔开着货车把衣服运到各个城市，售货员阿姨又把衣服卖给我们，这样我们才能穿到漂亮的衣服。农民伯伯辛苦种田收获小麦，小麦在工厂被磨成面粉，面包师把面粉做成面包，爸爸妈妈用工资把面包从商店里买回来，这样我们才能在早餐时吃到美味的面包。

生活中的衣食住行全都依靠着其他人的辛苦工作，我们要感谢他们的工作，更要感谢努力工作为我们创造生活条件的父母。

在妈妈辛苦工作一天下班回家后，对她说一声"谢谢妈妈，工作辛苦了"；当爸爸在生日时为你买了生日蛋糕，对他说一声"谢谢爸爸，我很爱你"。

简单的"谢谢"有时比任何甜言蜜语都要感人。常怀一颗感恩的心，记住他人对自己的每一份好，哪怕是帮助你的是陌生人，也要郑重道谢。

　　你有对路过的清洁工人说一声"谢谢"吗？有注意到老师每次都会在所有小朋友都被家长接走之后才能下班吗？有帮劳累的父母捶捶肩膀、捏捏腿吗？如果没有，为什么不从现在开始尝试做一个懂得感恩的人呢？这些人与人之间的温暖，是无论多少钱都换不来的无价之宝。